ZEITSCHRIFT FÜR ANGEWANDTE GEOLOGIE

3

BAND 35

MÄRZ 1989

ISSN 0044-2259
Z. angew. Geol., Berlin
35 (1989) 3, 65–96

Herausgeber:
Zentrales
Geologisches
Institut

AKADEMIE-VERLAG BERLIN

Zeitschrift für angewandte Geologie

BAND 35 | **1989** | **HEFT 3**

	INHALT	СОДЕРЖАНИЕ	CONTENTS
PÄLCHEN, W.; RANK, G.; HERTWIG, T.; ZERNKE, B.	Rolle und Aufgaben der geochemische Prospektion bei der Suche und Bewertung von Erz- und Spatmineralisationen im Grundgebirge der DDR S. 65–72, 8 Abb., 4 Tab., 13 Lit.	Роль и задачи геохимической разведки при поисках и оценке рудных и шпатовый минерализаций в породах фундамента ГДР стр. 65–72, 8 илл., 4 табл., 13 лит. ист.	Role and tasks of the geochemical prospection in the search and estimation of ore- and spar mineralizations in the basement complex of the GDR pp. 65–72, 8 Figs., 4 Tables, 12 Refs.
KORICH, D.	Zum Stoffbestand jungpaläozoischer basischer Magmatite aus dem DDR-Anteil der Mitteleuropäischen Senke S. 72–78, 9 Abb., 3 Tab., 23 Lit.	Состав позднепалеозойских основных магматитов Средне-Европейской впадины в пределах территории ГДР стр. 72–78, 9 илл., 3 табл., 23 лит. ист.	To the substance of Late Palaeozoic basic magmatites from the GDR-part of the Central European Basin pp. 72–78, 9 Figs., 3 Tables, 23 Refs.
RENTZSCH, J.; WAGENKNECHT, R.	Geochemische Multielement-Kartierung auf der Basis der multivariaten Statistik S. 78–81, 4 Abb., 14 Lit.	Геохимическое многоэлементное картирование на основе мультивариантной статистики стр. 78–81, 4 илл., 14 лит. ист.	Geochemical multielement mapping on the basis of multivariat statistics pp. 78–81, 4 Figs., 14 Refs.
ZERNKE, B.; HERTWIG, T.	Vergleich der Ergebnisse von Faktoranalyse und Mehrfachkorrelation nach BURKOV bei der geochemischen Auswertung von Erkundungsbohrungen S. 81–86, 5 Abb., 3 Tab., 8 Lit.	Сравнение результатов факторного анализа и многократной корреляции по Буркову при геохимической интерпретации разведочных скважин стр. 81–86, 5 илл., 3 табл, 8 лит. ист.	Comparization of results of factor analysis and multiple BURKOV-correlation in the geochemical interpretation of prospecting bores pp. 81–86, 5 Figs., 3 Tables, 8 Refs.
SCHRÖN, W.; SANSONI, G.; BOMBACH, G.; RÖSLER, H. J.; DZO YU HI	BAF-Kassiterit KC-1 — ein neues geochemisches Referenzmaterial S. 86–89, 1 Abb., 6 Tab., 8 Lit.	BAF-Касситерит KC-I — новый геохимический эталон стр. 86–89, 1 илл., 6 табл., 8 лит. ист.	BAF-Cassiterite KC-1 — a new geochemical reference material pp. 86–89, 1 Fig., 6 Tables, 8 Refs.
SCHMIDT, P.	Kulturelles Erbe und Geschichte der geologischen Wissenschaften am Beispiel des Adelsbriefes für Johann Friedrich Wilhelm Charpentier (1784) S. 89–91, 1 Abb., 11 Lit.	Культурное наследие и история геологических наук на примере грамоты на присвоение дворянского титутла Иоханну Фридриху Вильгельму Карпентье (1784 г.) стр. 89–91, 1 илл., 11 лит. ист.	Cultural legatee and history of the geological science at the example of the nobility charter for Johann Friedrich Wilhelm Charpentier (1784) pp. 89–91, 1 Figs., 11 Refs.
Tagungsberichte	S. 91–92		
Buchbesprechungen	S. 92–96 a		

Zeitschrift für angewandte Geologie is indexed in Current Contents / PC & ES.

Titelbild:

Steil gestellter ziegelroter Sandstein bzw. Sandsteinletten und hellere Sandsteinbänke des Unteren Buntsandsteins; Harzaufrichtungszone, ca. 700 m nördlich des ehemaligen Bahnhofes Thale-Bodetal

Aufnahme: W. SCHANZE, Weißwasser

Die ZEITSCHRIFT FÜR ANGEWANDTE GEOLOGIE berichtet ständig über folgende Arbeitsgebiete: Geologische Grundlagenforschung und Lagerstättenforschung / Methodik der geologischen Erkundung / Ökonomie und Planung der geologischen Erkundung / Technik der geologischen Erkundung / Geologie und Lagerstättenkunde im Ausland. In der Zeitschrift können alle strittigen Fragen der praktischen Geologie behandelt werden. Die Autoren übernehmen für ihre Aufsätze die übliche Verantwortung.

Bezugsmöglichkeiten der „Zeitschrift für angewandte Geologie"
Bestellungen sind zu richten

- **in der DDR** an den Postzeitungsvertrieb unter Angabe der Kundennummer des Bestellenden oder an den Akademie-Verlag Berlin, Leipziger Straße 3–4, DDR-1086 Berlin;
- **im sozialistischen Ausland** an eine Buchhandlung für fremdsprachige Literatur oder an den zuständigen Postzeitungsvertrieb;
- **in der BRD und Berlin (West)** an eine Buchhandlung oder an die Auslieferungsstelle KUNST und WISSEN, Erich Bieber oHG, Postfach 102844, D-7000 Stuttgart 10;
- **in den übrigen westeuropäischen Ländern** an eine Buchhandlung oder an die Auslieferungsstelle KUNST und WISSEN, Erich Bieber GmbH, General Wille-Straße 4, CH-8002 Zürich;
- **im übrigen Ausland** an den Internationalen Buch- und Zeitschriftenhandel; den Buchexport, Volkseigener Außenhandelsbetrieb der Deutschen Demokratischen Republik, Postfach 160, DDR-7010 Leipzig, oder an den Akademie-Verlag Berlin, Leipziger Straße 3–4, DDR-1086 Berlin.

Zeitschrift für angewandte Geologie
Herausgeber: Zentrales Geologisches Institut, Berlin, im Auftrag des Ministeriums für Geologie der Deutschen Demokratischen Republik.
Chefredakteur: Doz. Dr. sc. B. Kölbel, Zentrales Geologisches Institut, Berlin, Fernruf: 2363997.
Anschrift der Redaktion: Kastanienallee 69, DDR-1054 Berlin; Fernruf: 2806334.
Verlag: Akademie-Verlag Berlin, Leipziger Straße 3–4, DDR-1086 Berlin; Fernruf: 2236201 oder 2236229; Telex-Nr.: 114420.
Bank: Staatsbank der DDR, Berlin Kto.-Nr. 6836-26-20712.
Veröffentlicht unter der Lizenznummer 1279 des Presseamtes beim Vorsitzenden des Ministerrates der Deutschen Demokratischen Republik.
Gesamtherstellung: VEB Druckhaus „Maxim Gorki", DDR-7400 Altenburg.
Erscheinungsweise: Die Zeitschrift erscheint jährlich in einem Band zu 12 Heften. Bezugspreis je Band 156,– DM zuzüglich Versandspesen. Bezugspreis je Heft 13,– DM. Der gültige Jahresbezugspreis für die DDR ist der Postzeitungsliste zu entnehmen.
Bestellnummer dieses Heftes: 1047/35/3.
Alleinige Anzeigenannahme: DEWAG-Werbung, Wilhelm-Pieck-Straße 49, DDR-1054 Berlin, und alle DEWAG-Betriebe und Zweigstellen der Bezirke der DDR.

AN (EDV) 46337
00220

ZEITSCHRIFT FÜR ANGEWANDTE GEOLOGIE

BAND 35 / 1989 / HEFT 3

Rolle und Aufgaben der geochemischen Prospektion bei der Suche und Bewertung von Erz- und Spatmineralisationen im Grundgebirge der DDR

WERNER PÄLCHEN, GÜNTER RANK, THOMAS HERTWIG, BERND ZERNKE, Freiberg

Mitteilung aus dem VEB Geologische Forschung und Erkundung Freiberg

Einleitung

Lagerstätten mineralischer Rohstoffe sind ökonomisch nutzbare natürliche Stoffanomalien in der Erdkruste. Zum Aufsuchen von Lagerstätten, Mineralvorkommen und Mineralisationen sind daher alle Untersuchungsverfahren geeignet, die eine direkte oder indirekte substantielle Differenzierung einer zu untersuchenden Fläche oder eines zu untersuchenden Raumes ermöglichen. Neben den traditionellen geologisch-mineralogischen Methoden (Kartierung) und den geophysikalischen Methoden, die auf den physikalischen Eigenschaften von Gesteinen und Mineralen (Magnetisierbarkeit, Dichte, elektrische und Wärmeleitfähigkeit, Elastizität u. a.) beruhen und in der Regel nur eine indirekte stoffliche Aussage ermöglichen, sind geochemische Untersuchungsmethoden, die auf den Direktnachweis des Stoffes gerichtet sind, zur Lagerstättensuche prädestiniert.

Das Prinzip der geochemischen Prospektion besteht darin, daß die den mineralisierten Körper aufbauenden Substanzen (Minerale, Elemente) nicht streng auf diesen lokalisiert sind, sondern in einer gegenüber dem nichtmineralisierten Bereich erhöhten Konzentration auch noch mehr oder weniger weit entfernt von diesem im Nebengestein vorhanden sind. Diesen Bereich erhöhter Elementkonzentration, der mit der Bildung der Mineralisation verbunden ist, nennt man primären Hof (Aureole). Bei der Verwitterung von Gesteinskomplexen werden die in ihnen vorhandenen Mineralisationen einschließlich der primären Aureolen zerstört. Dabei bilden sich in den hypergenen (kolluvialen, eluvial-deluvialen, alluvialen und limnischen) Sedimenten, in den mit ihnen in Kontakt stehenden Wässern und in den darauf wachsenden Pflanzen sekundäre Dispersionsströme und -höfe. Darüber hinaus existieren noch Aureolen gasförmiger Substanzen, die sowohl mit der Bildung als auch der sekundären Umbildung der Mineralisation in Verbindung stehen können.

Da primäre und sekundäre Aureolen in der Regel ein Vielfaches des Volumens der mineralisierten Körper einnehmen, erhöht sich die Chance des Auffindens einer Mineralisation mit Hilfe dieser Aureolen gegenüber dem visuellen Direktnachweis des mineralisierten Körpers selbst beträchtlich.

Die Rolle der geochemischen Prospektion im Prozeß der Lagerstättensuche hat sich seit ihren Anfängen in den dreißiger Jahren erheblich gewandelt. Während ursprünglich der qualitative Nachweis von mineralisationsrelevanten Anomalien das alleinige Ziel war, so ist vor allem in den letzten zwanzig Jahren unter maßgeblicher Führung der sowjetischen Geochemikerschule um A. P. SOLOVOV die quantitative Bewertung von Anomalien in den Mittelpunkt gerückt (BEUS & GRIGORJAN 1975; BARSUKOV, GRIGORJAN & OVČINNIKOV 1981; KOMOV & LUKAŠEV 1982; SOLOVOV 1985). Heute sind solche Aussagen wie die vertikale Zonalität der Mineralisation gefordert, woraus das Anschnittniveau und die Teufenerstreckung beurteilt werden können sowie Angaben über den Element- (Erz-)inhalt von geochemischen Anomalien gewonnen werden. Diese in der UdSSR durch eine Instruktion über geochemische Untersuchungen angewiesenen Interpretationsschritte (GRIGORJAN, SOLOVOV & KUZIN 1983) sollten auch bei uns zur üblichen Praxis werden. Mit diesen objektiven Parametern ist es möglich, das Suchrisiko zu verringern und durch Einflußnahme auf den Ansatz von Folgearbeiten eine höhere Effektivität des Such- und Erkundungsprozesses zu erreichen.

Eingang des Manuskripts in der Redaktion: 12. 1. 1988

Methoden der geochemischen Prospektion

Die geochemische Prospektion wird praktisch durch die geochemische Analyse eines ausgewählten geologischen oder eng mit ihm assoziierten Probemediums in einem zu untersuchenden Gebiet realisiert. Dabei wird davon ausgegangen, daß dieses Medium Informationen über die Existenz von stofflichen Anomalien in seiner Nachbarschaft enthält. Die am häufigsten zur geochemischen Prospektion verwendeten Probemedien sind Gesteine, Böden, Bachsedimente, Wasser, Pflanzen oder Pflanzenteile sowie Bodenluft. Diese Probemedien unterscheiden sich unter prospektionsgeochemischem Aspekt hauptsächlich durch ihren Informationsgehalt, der durch die Größe der Repräsentanzbereiche, die Art der an ihrer Bildung beteiligten Prozesse und die dadurch bedingten Kontaminationsmöglichkeiten beeinflußt wird (PÄLCHEN & TISCHENDORF 1988). Aus den Eigenschaften der Probemedien ist ihre Eignung zur Lösung bestimmter Aufgaben im Rahmen der Lagerstättensuche ableitbar (Tab. 1). Besonders ist dabei die gegenseitige Abhängigkeit von Repräsentanzbereich der Probe und Untersuchungsmaßstab zu beachten. Generell gelten folgende Regeln: Um die Wahrscheinlichkeit des Auffindens einer Anomalie zu erhöhen, sind bei kleinmaßstäbigen Untersuchungen Probemedien mit großer Repräsentanzfläche zu bevorzugen. Sie erlauben eine geringe Probenahmedichte und ermöglichen dadurch eine schnelle und billige Information über große Territorien (LEVINSON 1976). Da diese Probemedien aber meist das Produkt mehrerer verschiedenartiger geologischer Prozesse sind, sind sie auch anfälliger für natürliche hypergene und anthropogene Beeinflussungen; dadurch ist die gewonnene Information z. T. schwieriger zu interpretieren. Für großmaßstäbige Untersuchungen ist dagegen die Verwendung von Probemedien zu fordern, deren Information sich auf einen engen Raum bezieht und nur von wenigen zusätzlichen Faktoren beeinflußt wird und die weitgehend oder gänzlich frei von anthropogener Kontamination sind. Prospektionsverfahren, die auf derartigen Probemedien mit einer hohen Lokalrepräsentanz basieren, erlauben nicht nur präzisere

Tab. 1. Eigenschaften von Probemedien und Informationsgehalt der darauf basierenden geochemischen Prospektionsverfahren für feste mineralische Rohstoffe

	Petrogeochemie Festgestein	**Pedogeochemie** Boden	**Bachsedimentgeochemie** Bachsediment	**Hydrogeochemie** Wasser	**Biogeochemie** Pflanzen	**Atmogeochemie** Bodenluft
Repräsentanzbereich der Einzelprobe	0,x...x m³	x...x00 m²	0,x...x...x00 km² abhängig von Struktur des Hydronetzes und Lage des Entnahmepunktes z. T. Grundwassereinfluß		x...x0 m³ abhängig von Reichweite der Wurzeln	sehr variabel, Abgrenzung sehr unsicher
Einfluß und Kompliziertheit aufgelagerter Prozesse und Faktoren	vernachlässigbar gering	gering bis mäßig Verwitterung, Solifluktion	groß Verwitterung, Transport, Sedimentation	groß bis sehr groß Verwitterung, Transport, Lösung, Ausfällung	sehr groß Verwitterung, Solifluktion, biochemische Prozesse	sehr groß Luftdruck, Temperatur, Bodenfeuchtigkeit, Permeabilität
Möglichkeit der anthropogenen Kontamination	praktisch unbedeutend	gering bis mäßig (B-Horizont)	groß bis sehr groß Eintrag fester, flüssiger und gasförmiger Substanzen in das Probemedium bzw. dessen Einzugsgebiet			unterschiedlich (elementabhängig)
Eignung zur Lösung von Prospektionsaufgaben						
– Lokalisierung von Anomalien	für alle Mineralisationstypen geeignet (maßstabsabhängig, vgl. Tab. 2)			bedingt geeignet	bedingt geeignet (biochemische Barrieren!)	bedingt geeignet
– Identifizierung der Anomalieursache (Mineralisationstyp)	optimal geeignet	gut geeignet	geeignet	bedingt geeignet	stark eingeschränkt bis unmöglich	
– Bestimmung der Zonalität (Erosionsniveau)	optimal geeignet	möglich (mittels Etalon)	bedingt möglich	nicht möglich	nicht möglich	nicht möglich
– Mengenberechnung (Flächenproduktivität, prognostische Ressourcen)	optimal geeignet prognostische Ressourcen P 1	geeignet prognostische Ressourcen P 2	möglich prognostische Ressourcen P 3	nicht möglich	nicht möglich	nicht möglich

Tab. 2. Anwendungsbereiche geochemischer Prospektionsmethoden in Abhängigkeit vom Stadium der Untersuchungsarbeiten (zusammengestellt unter Verwendung von Angaben aus GRIGORJAN, SOLOVOV & KUZIN 1983; KOLOTOV, KRAJNOV u. a. 1983; KOVALEVSKIJ 1984; SOLOVOV 1985 u. a.)

Arbeitsstadium	Maßstab	Aufgabe der geochemischen Prospektion	Gesteine		Probenahmemedium: Boden		Bachsedimente		Wasser		Pflanzen	
			PD	A	PD	A	PD	A	PD	A	PD	A
Regionale Forschung I	1:200000	Nachweis regionaler gA; Nachweis höffiger Gesteinskomplexe (geochemische Spezialisierung)	keine flächendeckenden Arbeiten; 30...40		2...5		1		0,15...0,4		1...5	
	1:100000				10...20		2...4		0,4...0,8		5...20	
Regionale Forschung II		Berechnung Flächenproduktivität, prognostische Ressourcen (P 3)	Proben pro Gesteinseinheit → geochemische Spezialisierung									
	1:50000				40		8¹)		1...3		20...100	
Suche 1 (allgemeine Suche)	1:25000	Nachweis von Feldern lokaler gA; Berechnung Flächenproduktivität, prognostische Ressourcen (P 3, P 2)			80...100				2...6¹)		80...400	
	1:10000	Konturierung, Strukturierung und Bewertung lokaler gA; Berechnung Flächenproduktivität prognostische Ressourcen (P 2, P 1);	1000		400...500		entf.		entf.		500...1000	
Suche 2 (detaillierte Suche)	1:5000	Übergangskoeffizienten prim./sek. Aureole, vertikale Zonalität	2000		1000...2000²)		entf.		entf.		1000...³) 5000	
Suche 3 (Suchbewertung)	1:2000	Klärung spezieller Probleme innerhalb der Lagerstätte (Korrelation von Erzkörpern) Vorratsberechnung (C2)	10000		4000²)		entf.		entf.			

PD – Probenahmedichte (Proben/km²), A – optimaler Anwendungsbereich, gA – geochemische Anomalien;
¹) Probenahmedichte nur bei sehr dichtem Gewässernetz möglich;
²) nur effektiv bei autochthonem Bodenprofil;
³) nur effektiv bei autochthonem Bodenprofil oder sehr tiefer Reichweite der Wurzeln

qualitative, sondern auch die in den höheren Suchstadien geforderten quantitativen Auswertungen.

Die allgemeine Aufgabenstellung für die geochemische Prospektion ergibt sich aus dem Stadium des Such- und Erkundungsprozesses und dem entsprechenden Maßstab (Tab. 2). Für die Festlegung des in einem konkreten Fall anzuwendenden Prospektionsverfahrens sind zusätzliche Einflußfaktoren zu berücksichtigen, wie z. B. konkrete Zielstellung der Arbeiten, gesuchte oder zu erwartende Mineralisation und deren substantielle Komplexität, geologische, geographische und landschaftsgeochemische Verhältnisse im Untersuchungsgebiet, Verfügbarkeit der Probemedien u. a.

Anwendung der geochemischen Prospektion im Grundgebirge der DDR

Die oberflächig angeschnittenen Grundgebirgsaufragungen der DDR besitzen Mittelgebirgs- bis Hügellandcharakter. Ihre Lage im humiden Klimabereich und das Fehlen jüngerer allochthoner Sedimente (mit Ausnahme einer teilweisen Lößbeeinflussung) hat die Existenz von offenen oder verborgenen Restanomalien im Sinne von SOLOVOV (1985) zur Folge. Für die flächendeckende geochemische Prospektion hat sich unter diesen Bedingungen in Übereinstimmung mit den oben angeführten Zusammenhängen und im Ergebnis der praktischen

Erfahrungen der letzten zwanzig Jahre folgender Komplex von Methoden als sinnvoll und effektiv erwiesen:

- regionale Forschung 2 (1:100000, lokal bis 1:50000): Bachsedimentgeochemie in Kombination mit Hydrogeochemie und Schlichprospektion (ca. 1 bis 2 Proben/km², lokal bis 8 Proben/km²), Überleitung zu Suche 1: Pedogeochemie 1:50000 (ca. 25 bis 50 Proben/km²);
- Suche 1 (1:25000): Pedogeochemie (100 Proben/km²);
- Suche 2 bis 3: Pedogeochemie (400 Proben/km²), Petrogeochemie (Bohrungen, Schürfe, UT-Aufschlüsse, ca. 0,5 Proben/m Aufschluß).

Unter den für die DDR wie für ganz Mitteleuropa charakteristischen Bedingungen einer hohen Besiedlungs-, Verkehrs- und Industrialisierungsdichte ist bei oberflächengeochemischen Untersuchungen der Eliminierung anthropogen bedingter Anomalien große Bedeutung beizumessen (RENTZSCH, SCHULZE u. a. 1985). Dazu ist in vielen Fällen die schlichmineralogische Untersuchung von Bachsedimenten, Boden oder Gesteinszersatz sowie bei größeren Maßstäben eine Indikatorenkartierung (epigenetische Gesteinsveränderungen wie Vergreisung, Silifizierung, Hämatitisierung, Bleichung usw.) mit Untersuchung von Lesesteinproben erforderlich. In jedem Fall ist die geogene Ursache einer geochemischen Anomalie nachzuweisen, bevor eine quantitative Bewertung (Zonalität, Ressourceneinschätzung) erfolgen kann.
Die nachfolgend angeführten Beispiele sollen zeigen, wie die geochemische Prospektion in der Praxis des Suchprozesses auf Erze und Spat im Erzgebirge angewendet wird.

Beispiel 1: Nachweis, Konturierung und Grobbewertung von Barium-Anomalien

Im Rahmen regionaler geochemischer Forschungsarbeiten in einer Antiklinalstruktur protozoischer Paragneise wurden durch Untersuchungen von Bachsedimenten (Maßstab 1:100000) im Bereich eines Rhyolithganges starke und kompakte Barium-Anomalien festgestellt (Abb. 1). In Verbindung damit auftretende anomal hohe Fluorgehalte in den Bachwässern führten zur Prognostizierung einer NW—SE verlaufenden Baryt- (Fluorit-)Gangstruktur, die wahrscheinlich ± parallel zum Rhyolithgang verläuft. Es wurde ein ca. 18 km² großes Anomaliengebiet abgegrenzt, in dem durch allgemeine geochemische Sucharbeiten (Suche 1) im Maßstab 1:50000 bis 1:25000 folgende Aufgaben zu lösen waren:

- sicherer Nachweis einer geologischen Ursache der Indikatoren für die regionalen Forschungsarbeiten,
- Feststellung des die Anomalie verursachenden Mineralisationstyps,
- Präzisierung der Anomalienkonturen und Vorhersage von spathöffigen Strukturen,
- Minimierung der Gesamtfläche für geochemische Prospektionsarbeiten im Maßstab 1:10000 (Suche 2),
- Abschätzung der Rohstoffpotenz für Flächen mit sicher mineralisationsrelevanten Indikationen.

Zur Lösung dieser Aufgaben wurde eine pedogeochemische Prospektion mit einem Probenahmenetz von 500 × 50 bzw. 200 × 50 m ausgewählt. Durch die gleichzeitig mit der Probenahme erfolgte Aufnahme der Mineralisationsindikatoren Baryt, Fluorit und Quarz-Hämatit konnte der Nachweis der Mineralisationsrelevanz der Bachsediment-Anomalien erbracht werden (Abb. 2). In Gebieten mit hohen Baryt-Lesesteindichten treten anomal hohe Barium- und Fluorgehalte im Unterboden (B-Horizont) auf, so daß eine anthropogene Kontamination der Anomalienflächen auszuschließen ist (Abb. 3).
Die NW—SE-Erstreckung der Ba-Anomalien und die Baryt-Lesesteine bestätigen die vermutete strukturelle Bindung an den Rhyolithgang. Nach Bemusterung der Lesesteine kann die auftretende Mineralisation zum Typ der Quarz-Hämatit-Baryt-Gänge (qhmba-Formation) gerechnet werden.

Auf der Grundlage der Mineralisationsindikatoren und der stark anomalen Ba- und F-Gehalte kann ein ca. 8 km² großes Gebiet für geochemische Prospektionsarbeiten der Etappe Suche 2 (Maßstab 1:10000, 50 × 50-m-Netz) abgegrenzt werden (Abb. 3).
Unter Berücksichtigung geomorphologischer Kriterien wurde für drei Flächen mit anomal hohen Ba- und F-Gehalten sowie hohen Baryt-Lesesteindichten eine Abschätzung der Rohstoffpotenz mit Hilfe der geochemischen Flächenproduktivität und der prognostischen Ressourcen der Kategorie P2 (GRIGORJAN, SOLOVOV & KUNIN 1983, S. 88) vorgenommen.
Die Flächenproduktivitäten der spathöffigen Strukturbereiche betragen: $P_I = 77000\ m^2\ \%$, $P_{II} = 60000\ m^2\ \%$ und $P_{III} = 17000\ m^2\ \%$. Danach sind diese Flächen als „unbedingt untersuchungswürdig" einzustufen. Da keine Etalonobjekte vorliegen, kann eine Einschätzung der vertikalen Zonalität der Mineralisation und damit des Anschnittniveaus der Anomalien nicht vorgenommen werden.

Beispiel 2: Abgrenzung und Bewertung von Anomalien im Bereich einer Barytmineralisation

In der Umgebung einer Spatlagerstätte wurden komplexe Such- und Erkundungsarbeiten zur Klärung der Verbreitung der Mineralisation mit dem Ziel des Nachweises von Vorräten durchgeführt. Ein Teil dieser Arbeiten war eine pedogeochemische Prospektion im Maßstab 1:10000 (Probenahmenetz 100 × 25 m). Die Mineralisation ist an eine NW—SE-streichende Bruchstruktur gebunden, entlang derer mehrere linsenförmige Rohstoffkörper auftreten, die z. T. übertägig angeschnitten sind. Nutzkomponente ist Baryt, der in Assoziation mit Quarz auftritt.
Die pedogeochemischen Untersuchungen hatten das Ziel, barytrelevante Anomalien abzugrenzen und hinsichtlich ihres Erosionsanschnittes und ihrer Mineralisationspotenz zu bewerten.
Die Abgrenzung von barytrelevanten Anomalien erfolgte mittels eines komplexen Koeffizienten $Ba^2 \times Cu^2/Co \times Ni \times Mn \times Zn$, der aus den Ergebnissen petrogeochemischer Untersuchungen an primären Aureolen (Bohrungen, Untertageaufschlüsse) ermittelt wurde. Die Elemente im Zähler sind in den Anomalien gegenüber dem Untergrund maximal angereichert (Ba 2,5fach, Cu 6,4fach), während die im Nenner angeführten verarmt sind (Faktor ca. 0,3 bis 0,7).
Die flächenhafte Berechnung des o. g. Koeffizienten gestattet die Abgrenzung zahlreicher pedogeochemischer Anomalien. Die auf der Hauptstruktur liegenden Anomalien sind in Abb. 4 als Profile dargestellt. Die Anomalien entsprechen barytführenden Linsen, die z. T. nur untertägig aufgeschlossen (7) und z. T. an der Oberfläche angeschnitten (2—4, 6, 8, 9) sind. Die Anomalie 1 indiziert einen bislang unbekannten mineralisierten Körper.
Die Anomalien wurden hauptsächlich auf der Grundlage der Flächenproduktivitäten und des Zonalitätskoeffizienten bewertet. In Tab. 3 sind die Größe der Anomalien, ihre Flächenproduktivitäten (für Ba) sowie die relative Größenrangfolge (nach Erkundungsergebnissen) angeführt.
Der Vergleich der Ba-Flächenproduktivitäten der Anomalien mit der relativen Größe der Barytlinsen zeigt neben guter Übereinstimmung auch Abweichungen. Diese sind bei den Anomalien 4 und 5 durch geringe Probenanzahl und eventuelle Kontamination durch Haldenmaterial begründet. Die Barytlinse, die Anomalie 7 hervorruft, ist relativ klein und streicht nicht bis an die Tagesoberfläche aus. Die hohe Ba-Flächenproduktivität dieser Anomalie ist auf die zu erwartenden Übererzverhältnisse zurückzuführen. Die relativ geringe Ba-Flächenproduktivität der Anomalie 8 ist sicherlich durch ihre Lage im anmoorigen Gebiet begründet.

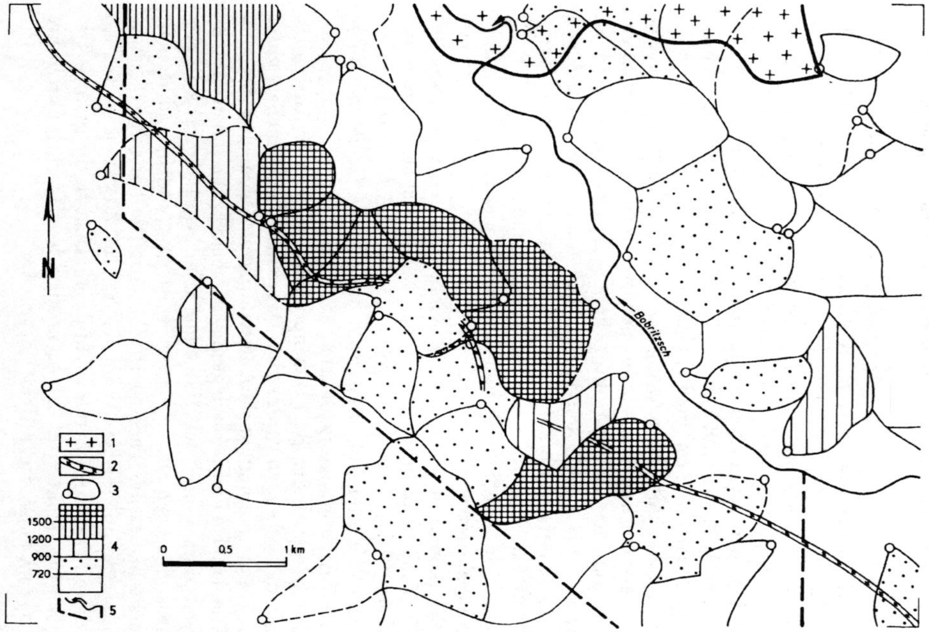

Abb. 1. Bariumgehalte in Bachsedimenten

1 – Granit; 2 – Rhyolithgang; 3 – Probenahmepunkt mit Einzugsgebiet; 4 – Ba-Gehalt in ppm, Untergrundgehalt (Modalwert) = 600 ppm Ba; 5 – ausgewählte Fläche für Folgeuntersuchungen

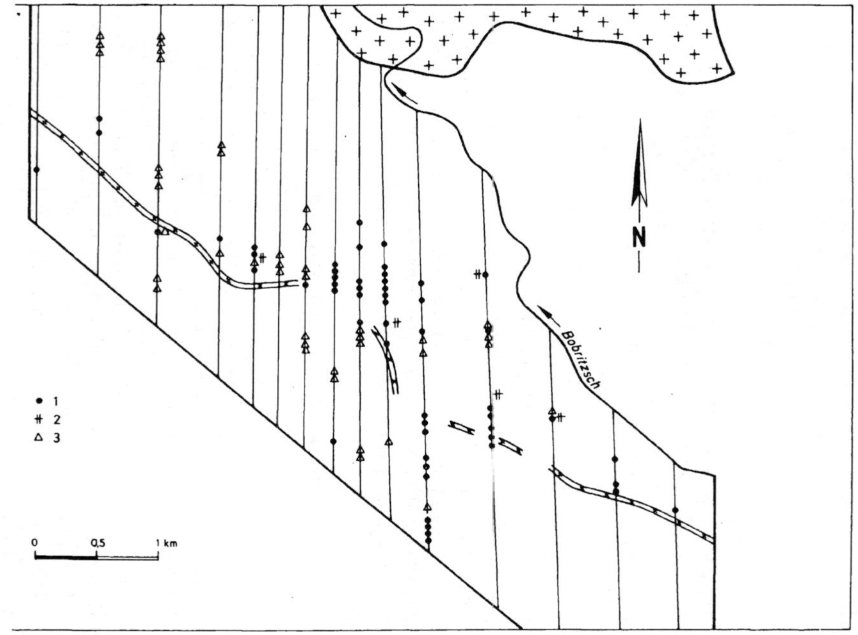

Abb. 2. (rechts oben) Pedogeochemische Probenahme auf Profilen und Aufnahme der Mineralisationsindikatoren

1 – Baryt; 2 – Fluorit; 3 – Quarz-Hämatit

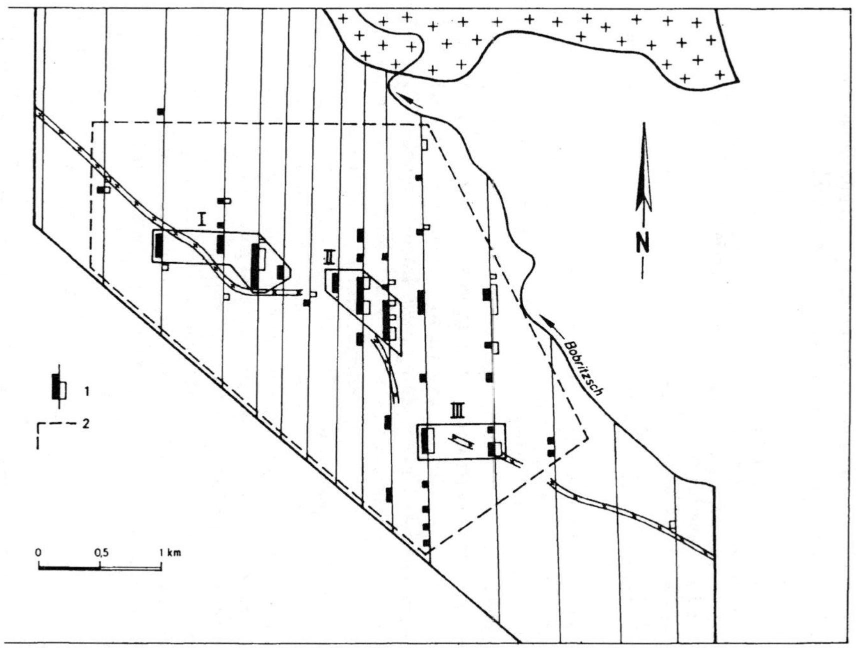

Abb. 3. Pedogeochemische Untersuchungsergebnisse

1 – Bereiche anomal hoher Barium- und Fluorgehalte ($\geq M_u \cdot S^2$); 2 – Konturierung Suchgebiet 1:10000; I, II, III – Konturierung von Ba- (F-) Anomalien und quantitative Bewertung mittels Flächenproduktivität

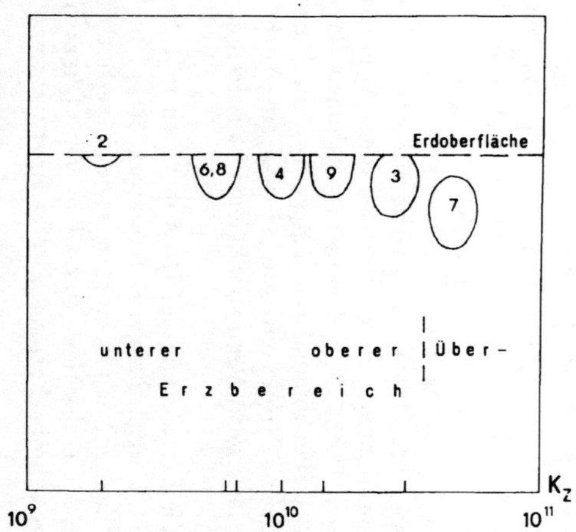

Abb. 5. Gegenüberstellung des Zonalitätskoeffizienten (K_Z) der pedogeochemischen Aureolen (2, 4, 7–9) mit dem tatsächlichen Anschnittsniveau der entsprechenden Barytlinsen (schematisch)

Tab. 3. Parameter der pedogeochemischen Aureolen über der barytführenden Struktur

Nr. der Aureole	Fläche in 10^3 m²	Flächen-produktivität für Ba in 10^3 m² %	relative Reihenfolge	
			Flächen-produktivität	tatsächliche Größe der Linsen
8	10	0,8	6	2–3
7	15	3,6	2	6
9	70	6,4	1	1
5	2,5	0,2	9	4
4	7,5	0,2	8	4
3	27,5	1,3	4	3
6	22,5	2,1	3	2
2	50	1,1	5	5
1	57,5	0,6	7	unbekannt

Die Gegenüberstellung des Koeffizienten ($B^3 \times Ba^2/Be^5$) der vertikalen Zonalität (Berechnet aus Teufenaufschlüssen) der einzelnen pedogeochemischen Anomalien mit der tatsächlichen relativen Teufenlage der Barytlinsen ist auf Abb. 5 dargestellt.

Die Werte des Zonalitätskoeffizienten schwanken nur mittelstark. Sie nehmen drei Bereiche ein:
Im Bereich um 10^9 liegen die Koeffizienten der Anomalien 1 und 2. Durch technische Aufschlußarbeiten ist erwiesen, daß der Barytaufschluß bei Anomalie 2 nur den Wurzelbereich einer Linse darstellt.
Im Bereich um 10^{10} liegen die Koeffizienten der Anomalien 4, 6, 8 und 9. Sie entsprechen Barytlinsen, die etwa an der Stelle ihrer größten Ausdehnung durch die Erdoberfläche angeschnitten sind.
Im Bereich zwischen 10^{10} und 10^{11} liegen die Koeffizienten der Linsen 3 und 7. Der Anomalie 7 entspricht eine durch UT- und Bohraufschlüsse bekannte Barytlinse, die nicht bis an die Tagesoberfläche reicht. Der Anomalie 3 entspricht eine Barytlinse, die in ihrem obersten Drittel durch die Tagesoberfläche angeschnitten wird.

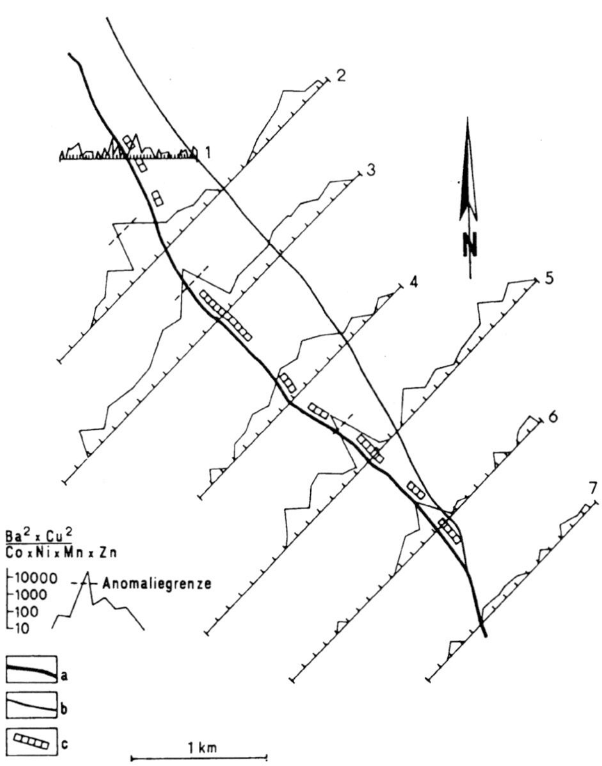

Abb. 4. Werte des Koeffizienten $Ba^2 \times Cu^2/Co \times Ni \times Mn \times Zn$ auf den pedogeochemischen Profilen 1 bis 7 über die spatführende Struktur
a – Gangzone; b – Nebenstörung; c – Barytlinsen

Diese eindeutig feststellbaren Unterschiede im Anschnittsniveau der einzelnen Barytlinsen spiegeln sich in der Größe des Zonalitätskoeffizienten der vertikalen geochemischen Zonalität wider. Die Unterschiede des Koeffizienten fallen gering aus, da das relative Anschnittsniveau der Barytlinsen nur den Verhältnissen „unten im Erz", „Erz" bzw. „leicht Übererz" zuzuordnen ist. Infolge der kulissenartigen Anordnung der einzelnen Linsen und der dadurch bedingten Überlagerung der zugehörigen primären Aureolen wird die Zuordnung und Interpretation der pedogeochemischen Anomalien erschwert.

Beispiel 3: Zonalitätseinschätzung einer Zinn-Anomalie

Im Rahmen flächendeckender pedogeochemischer Prospektionsarbeiten (Maßstab 1:10000, Probenabstand 50 × 50 m, analysierte Elemente: Ag, B, Ba, Be, Bi, Co, Cu, Li, Mn, Mo, Nb, Pb, Sn, Ti, V) wurde eine bereits aus früheren Untersuchungen bekannte Zinn-Anomalie (Abb. 6) neu konturiert. Die die Anomalie verursachende Zinnmineralisation ist an steil einfallende gangförmige Greisenzonen im Exokontakt (Granitporphyr) einer Albitgranitkuppel gebunden, die noch zusätzlich eine Endokontaktvererzung aufweist. Zur Vorbereitung geplanter weiterer Such- und Erkundungsarbeiten machte sich eine komplexe Neuinterpretation erforderlich.
Mit Hilfe von petrogeochemischen Analysenergebnissen (As, Be, Bi, Cu, Li, Mo, Sn, W) früherer Untersuchungen (Abb. 6) konnte nach der Methode von BEUS & GRIGORJAN (FELIX, BESSER & KLUJEW 1985) die folgende vertikale Zonalitätsreihe der primären Aureole ermittelt werden (von oben nach unten): Cu — Sn — Be — As — Bi — Li — W — Mo.
Aus der zonalen Elementverteilung wurden stetig verlaufende monotone Zonalitätskoeffizienten abgeleitet, wobei die in Abb. 7 dargestellten die kontrastreichsten sind.
Auf Grund der begrenzten Anzahl analysierter Elemente (Altanalysen) standen leider nur Cu als Übererzelement sowie Bi, Mo und Li als Untererzelemente zur Verfügung. Da mit Hilfe dieser Koeffizienten primäre Anomalien erfolgreich eingeschätzt werden konnten, wurden sie auch für die Bewertung der pedogeochemischen Anomalien herangezogen.
Der Zentralteil der Zinn-Anomalie mit Gehalten $\geqq 400$ ppm hat unmittelbare Bedeutung für die weitere Erkundung. Darum wurde für diesen Teil der in den Bohrungen als kontrastreichster Zonalitätskoeffizient ermittelte Koeffizient $Cu^3/Bi \times Li \times Mo$ (Abb. 7) pro Probe berechnet und flächendeckend dargestellt (Abb. 8).
Da der Zonalitätskoeffizient vom Abstand zum Granit abhängt (vgl. Abb. 7), müßte sich in der flächenhaften Darstellung das Granitrelief widerspiegeln. Vergleicht man die nach vorliegenden Aufschlüssen konstruierten Isohypsen der Granitoberfläche mit der Darstellung des Zonalitätskoeffizienten, so stimmen die niedrigen Koeffizientenwerte gut mit dem Scheitelbereich der Albitgranit-Hochlage überein. Auch das flache Abtauchen des Granits nach Süden bzw. Südwesten macht sich entsprechend im Koeffizientenbild bemerkbar. Nach Nordosten wird durch den starken Anstieg des Zonalitätskoeffizienten um etwa zwei Zehnerpotenzen auf einer Entfernung von ca. 50 m ein steiler Abfall der Granitoberfläche indiziert.
Durch diese schmale NW—SE-verlaufende Gradientenzone läßt sich die Anomalie in zwei Teilanomalien (A und B in Abb. 8) aufgliedern. Um den absoluten Betrag des Niveauunterschiedes zwischen beiden Teilanomalien zu ermitteln, wurden nach Empfehlungen von GRIGORJAN & MOROZOV (1985) pro Teilanomalie die durchschnittlichen Elementgehalte berechnet. Daraus wurden verschiedene Zonalitätskoeffizienten ermittelt und nach Abb. 7 die entsprechenden Abstände zum Granitkontakt bestimmt (Tab. 4). Die Ab-

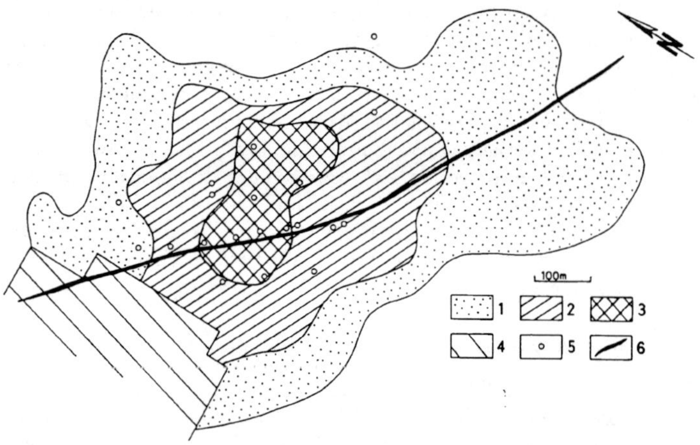

Abb. 6. Darstellung der untersuchten Zinn-Anomalie (geglättet und generalisiert)

1 – Sn: 225–400 ppm; 2 – Sn: 400–750 ppm; 3 – Sn: 750 ppm; 4 – nicht beprobtes Gebiet; 5 – Bohrung; 6 – Quarzgang

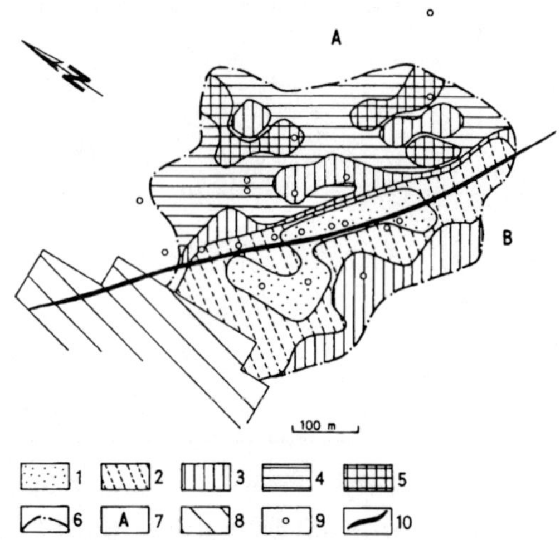

Abb. 8. Darstellung des Zonalitätskoeffizienten $Cu^3/(Bi \times Li \times Mo)$ innerhalb der untersuchten Zinn-Anomalie

absolute Werte von $Cu^3/(Bi \times Li \times Mo)$: 1 – 10; 2 – $10-10^2$; 3 – 10^2-10^3; 4 – 10^3-10^4; 5 – > 10^4; 6 – Grenze der untersuchten Anomalie; 7 – Bezeichnung der Teilanomalie; 8 – nicht beprobtes Gebiet; 9 – Bohrung; 10 – Quarzgang

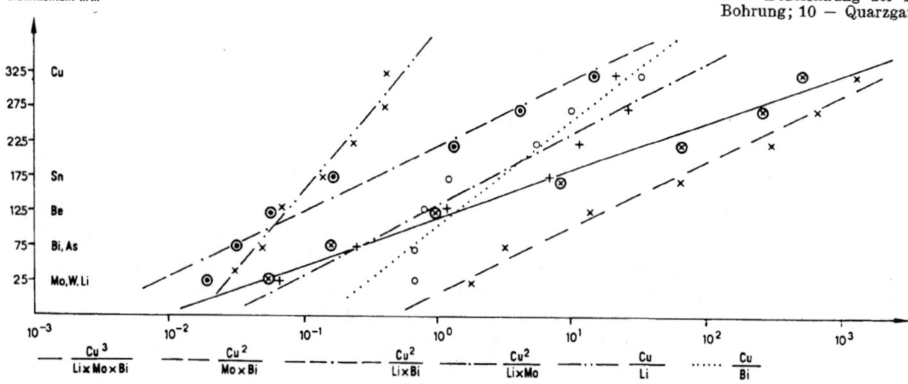

Abb. 7. Darstellung ausgewählter Zonalitätskoeffizienten (Kurvenverlauf nach Regressionsanalyse) und der relativen Elementmaxima (vertikale Zonalitätsreihe)

Die Signaturen geben den Originalwert der entsprechenden Koeffizienten an

Tab. 4. Einschätzung des relativen Anschnittsniveaus der beiden Teilanomalien nach Zonalitätskoeffizienten

Zonalitäts-koeffizient	abgeschätzter Abstand zum Granitkontakt, in m		Teufendifferenz A – B, in m
	Teilanomalie A $N = 37$	Teilanomalie B $N = 35$	
$Cu^3/Bi \times Mo$	289	180	109
$Cu^3/Bi \times Mo \times Li$	318	209	109
$Cu^2/Bi \times Li$	365	224	140
$Cu^2/Li \times Mo$	282	220	62
Cu/Bi	347	197	150
Cu/Li	400	287	113
$\bar{x}$	334	220	114
s	± 46	± 37	± 31
z	± 19	± 15	± 13

N – Anzahl der Proben, n – Anzahl der verwendeten Koeffizienten, s – Standardabweichung, $z = s/\sqrt{n}$

weichungen der Ergebnisse nach verschiedenen Koeffizienten liegen in vertretbaren Grenzen, da nach SOLOVOV (1985) die absoluten Abweichungen (z) bis maximal ± 50 m betragen dürfen. Diese Berechnungen lassen auf einen Niveauunterschied (Erosionsniveau) zwischen beiden Teilanomalien von ca. 100 m schließen, wobei die Teilanomalie B den stärker erodierten Block repräsentiert. Der Niveausprung des Zonalitätskoeffizienten der sekundären Aureole wurde durch pedogeochemische Untersuchungen an Flachbohrungen für die primäre Aureole im oberflächennahen Bereich bestätigt.

Für die Deutung dieses Befundes gibt es prinzipiell zwei Möglichkeiten. Denkbar wäre, daß der Granit entlang einer NW–SE-Störung intrudiert ist und somit eine primär steile NE-Flanke besitzt. Nach der gesamten geologischen Situation ist es jedoch viel wahrscheinlicher, daß der durch die Verteilung des Zonalitätskoeffizienten angezeigte steile Abfall der Granitoberfläche hauptsächlich durch eine postgranitische Störung verursacht wird, da auch postgranitische Gesteins- und Mineralgänge diese Strukturrichtung zeigen. Da die Mineralisation vorzugsweise an flachere Granitflanken gebunden ist, wäre im ersten Fall das Auftreten einer Mineralisation relativ unwahrscheinlich, im letzteren Fall jedoch in der Tiefe möglich.

Die Ergebnisse der z. Z. laufenden technischen Arbeiten sowie die kritische Überarbeitung vorliegender geologischer Interpretationen werden zeigen, ob eine postalbitgranitische tektonische Störung vorliegt oder ob es sich um einen sehr steil nach Norden einfallenden Albitgranitkörper handelt. Dieses Beispiel zeigt deutlich, daß eine sinnvolle pedogeochemische Interpretation nachgewiesener Anomalien nur in enger Verbindung mit geologischen Fakten erfolgen kann. Eine isolierte Interpretation kann zu falschen Folgerungen führen.

Schlußfolgerungen

Die bisherigen Erfahrungen zeigen, daß die geochemische Prospektion geologischen und geophysikalischen Methoden der Lagerstättensuche ebenbürtig ist. Hinzuzufügen ist, daß sie nur im sinnvollen Zusammenspiel mit diesen eine optimale Wirksamkeit erreichen kann. Ein wesentlicher Vorzug der geochemischen Methoden besteht darin, daß sie unmittelbar quantitative Angaben über die gesuchte Mineralisation liefern. Die spezifischen Kosten der geochemischen Pro-

Z. angew. Geol., 35 (1989) 3

spektion pro Quadratkilometer Fläche liegen etwa in der gleichen Größenordnung wie für komplexe oberflächengeophysikalische Arbeiten und betragen z. Z. etwa 5 bis maximal 10% der Gesamterkundungskosten, wobei der Hauptanteil durch die Analytik (ca. 60 bis 70%) verursacht wird.

Mit den angeführten Beispielen konnte gezeigt werden, wie die stärkere Orientierung auf quantifizierte, objektive Interpretationsverfahren zu qualitativ neuen Ergebnissen führt, die es ermöglichen, den Prozeß der Suche und Erkundung von Erz- und Spatlagerstätten wesentlich effektiver zu gestalten.

Es ist ganz offensichtlich, daß die Anwendung quantitativer Interpretationsverfahren, die ausschließlich in der Sowjetunion entwickelt wurden, durch die Tätigkeit von Absolventen sowjetischer Hochschulen und Universitäten einen starken Impuls erhalten hat. Die dadurch vorhandenen Möglichkeiten der Geochemie zu einem effektiveren Erkundungsprozeß und damit zur Senkung der Kostenbelastung pro Tonne Erz beizutragen, sind nach Meinung der Vff. bei weitem noch nicht ausgeschöpft. Dazu sind jedoch noch bessere organisatorische und materiell-technische Voraussetzungen zu schaffen.

Das sind u. a.:

- Die strikte Einhaltung der zeitlichen Aufeinanderfolge der Suchstadien, weil nur durch volle Berücksichtigung der Ergebnisse der vorangegangenen Etappe in der Folgeetappe Aufwendungen, vor allem für technische Arbeiten zu reduzieren sind.
- Die Verbesserung der analytischen Basis in qualitativer und quantitativer Hinsicht. Nur stabile hohe Durchsatzleistungen der Labors ermöglichen eine kurzfristige Auswertung und Umsetzung der Ergebnisse sowie einen darauf basierenden Eingriff in den geplanten Ablauf des Erkundungsprozesses. In qualitativer Hinsicht ist eine Verbesserung der Nachweisgrenzen wichtiger Indikatorelemente, wie z. B. As, Zn, W, Mo und Bi mit Routinemethoden anzustreben, da diese Elemente in der Zonalitätsreihe eine wichtige Rolle spielen und durch deren Einbeziehung die Zonalitätsaussage präziser zu formulieren wäre. Große Aufmerksamkeit ist sowohl durch den Auftraggeber als auch durch das Labor der Langzeitkontrolle der Analysenergebnisse zu widmen. Ein „Driften" der Labordaten hat für die Kartendarstellung und die Interpretation verheerende Folgen!
- Die Verbesserung des technologischen Ablaufes des gesamten geochemischen Teilprozesses der Suche und Erkundung, d. h. der Folge Probenahme — Analytik — Interpretation. Damit verbindet sich gleichzeitig die Forderung nach einer stabilen, den Anforderungen entsprechenden und mit der Laborkapazität abgestimmten Probenahmekapazität, insbesondere für oberflächengeochemische Arbeiten, die nur durch eine stärkere Kräftekonzentration zu realisieren ist. Die Ausgabe von Laborergebnissen auf maschinenlesbaren Datenträgern ist heute eine selbstverständliche Forderung. Das umso mehr, als gerade die Prospektionsgeochemie mit ihren Massendaten ohne eine durchgehend EDV-gestützte Auswertung nicht mehr vorstellbar ist.

Neben diesen in der geologischen Praxis selbst zu realisierenden Voraussetzungen für eine noch effektivere Anwendung geochemischer Methoden bei der Suche und Erkundung von Erzen und Spat ist an die Forschungseinrichtungen die Forderung zu stellen, methodische Untersuchungen durchzuführen, die den zukünftigen Anforderungen der Praxis an die geochemische Prospektion unter den konkreten Bedingungen der DDR entsprechen.

Dazu gehören Forschungen über Einfluß, Diagnose und interpretatorische Eliminierung anthropogener Kontaminationen auf verschiedene Probemedien vor allem durch Analyse der Bindungsformen anthropogener Immissionen. Ein weiteres, sehr wesentliches Problem sind Untersuchungen zur Erhöhung der Teufenreichweite der oberflächengeochemischen Prospektion. Wenn z. B. die in der sowjetischen Literatur erwähnten Methoden der Analyse metallorganischer Komplexe in Bodenproben, wodurch auch aufgelagerte Anomalien in 500 m Teufe mit 100 m Lockerbedeckung nachgewiesen wurden (ANTROPOVA 1982; GRIGORJAN & MOROZOV 1985), für unsere Verhältnisse anwendbar wären, so könnte der Anwendungsbereich der pedogeochemischen Prospektion weit über die derzeitigen Grundgebirgsausbisse hinaus erweitert werden. Dadurch wären z. B. geochemische Informationen über weite Bereiche des verdeckten Grundgebirges NW-Sachsens und der nördlichen Oberlausitz ohne aufwendige technische Aufschlußarbeiten zu gewinnen.

Zusammenfassung

In den Grundgebirgsanschnitten der DDR wird unter Berücksichtigung der geologisch-geographischen Bedingungen folgender Komplex von geochemischen Prospektionsarbeiten durchgeführt:
1:100000 und kleiner — Bachsedimentgeochemie und Hydrogeochemie, kombiniert mit Schlichprospektion, 1:25000 und 1:10000 — Pedogeochemie, ≧ 1:5000 — Petrogeochemie.
Mit Vergrößerung des Maßstabes wächst der Anteil quantifizierter Aussagen (Produktivität, prognostische Ressourcen, vertikale Zonalität), die vorteilhaft zur Steuerung und zu einem effektiveren Such- und Erkundungsprozeß angewendet werden. Der praktische Einsatz prospektionsgeochemischer Verfahren wird an drei Beispielen demonstriert. Der Eliminierung anthropogener Einflüsse ist große Aufmerksamkeit zu schenken. Es ist anzustreben, die Teufenreichweite oberflächengeochemischer Prospektionsverfahren zu erhöhen.

Резюме

При соблюдении геолого-географических условий в областях с обнаженным фундаментом ГДР проводится следующий комплекс геохимических поисков:
В масштабе 1:100000 и мельче применяются шлихи совместно с гидрогеохимическими поисками и поиски по речным донным осадкам, в масштабе 1:25000 и 1:10000 — поиски по вторичным ореолоам, в масштабе 1:5000 и крупнее — поиски по первичным ореолоам.
С увеличением масштаба возрастает доля количественной интерпретации (определение продуктивности, прогнозных ресурсов, вертикальной зональности), эти данные используют при направлении и повышении эффективности поисково-разведочных работ. Практическое применение геохимических поисков демонстрируется на трех примерах. Большое внимание должно уделяться исключению влияния антропогенных процессов. Необходимо стремиться к увеличению глубинности поверхностных геохимических поисков по вторичным ореолам.

Summary

In regions with outcropping Variscan or pre-Variscan basement in the southern part of the GDR the following complex of methods of geochemical prospection was successfully applied: ≦ 1:100000 — stream sediment and hydrogeochemical prospection in connection with heavy mineral planning, 1:25000 and 1:10000 — geochemical soil surveys, ≧ 1:5000 — petrogeochemical prospection. With increasing scale of prospection more quantified informations are obtained (e.g. productivity and vertical zonality of geochemical anomalies, prognostic ressources), which are favourable applied for control of the prospecting process. Three examples are outlined. Great attention must be payed to the elimination of anthropogeneous contamination. In the next future it is necessary to enlarge the deep reach of superficial geochemical methods.

Literatur

ANTROPOVA, L. V.: Geochimičeskie poiski glubokozalegajuščich rudnych mestoroždenij po metalloorganičeskim formam nachoždenija ėlementov. — In: Geochim. poiski rudn. mest., c. 2. Novosibirsk: Izdat. Nauka sib. Otd. 1982. S. 157 bis 160

BARSUKOV, V. L.; GRIGORJAN, S. V.; OVČINNIKOV, L. N.: Geochimičeskie metody poiskov rudnych mestoroždenij. — Moskva: Izdat. Nauka 1981

BEUS, A. A.; GRIGORJAN, S. V.: Geochimičeskie metody poiskov i razvedki mestoroždenij tverdych poleznych iskopaemych. — Moskva: Izdat. Nedra 1975

FELIX, M.; BESSER, M.; KLUJEW, O. S.: Zur Charakteristik der vertikalen Zonalität primärer geochemischer Aureolen endogener Zinnvererzungen des „Quarz-Kassiterit-Gangtyps". — Freiberger Forsch.-H. R. C 390, Leipzig (1985) S. 275—288

GRIGORJAN, S. V.; SOLOVOV, A. P.; KUZIN, M. F.: Instrukcija po geochimičeskim metodam poiskov rudnych mestoroždenij. — Moskva: Izdat. Nedra 1983

GRIGORJAN, S. V.; MOROZOV, V. I.: Vtoričnye litochimičeskie oreoly pri poiskach skrytogo orudenenija. – Moskva: Izdat. Nauka 1985
KOLOTOV, B. A.; KRAJNOV, S. R.; RUBEJKIN, V. Z.; SAMSONOV, B. G.; SOKOLOV, I. JU.; ELENBOGEN, A. M.: Osnovy gidrogeochimičeskich poiskov rudnych mestoroždenij. – Moskva: Izdat. Nedra 1983
KOMOV, I. L.; LUKAŠEV, A. V.: Geochimičeskie metody poiskov mestoroždenij nemetalličeskich poleznych iskopaemych. – Moskva: Izdat. Nedra 1982
KOVALEVSKIJ, A. L.: Biogeochimičeskie poiski rudnych mestoroždenij. – Moskva: Izdat. Nedra 1984
LEVINSON, A. A.: Introduction to exploration geochemistry. – Calgary: Applied Publish. Ltd. 1974 (russ. Ausg. Vvedenie v poiskovuju geochimiju. – Moskva: Izdat. Mir 1976)
PÄLCHEN, W.; TISCHENDORF, G.: Prospektionsgeochemie. – In: TISCHENDORF, G.; SEIM, R.: Einführung in die Geochemie. Leipzig: VEB Deutscher Verlag für Grundstoffindustrie 1988
RENTZSCH, J.; SCHULZE, W.; BIRKE, M.; MÜLLER, H.; EICHBERG, M.; PILLATZKE, L.: Geochemische Prospektion in anthropogen beeinflußten Gebieten. – Z. angew. Geol., Berlin 31 (1985) 12, S. 290–295
SOLOVOV, A. P.: Geochimičeskie metody poiskov mestoroždenij poleznych iskopaemych. – Moskva: Izdat. Nedra 1985

Zum Stoffbestand jungpaläozoischer basischer Magmatite aus dem DDR-Anteil der Mitteleuropäischen Senke

DIETMAR KORICH, Stralsund

Einleitung

Durch die intensive Bohrtätigkeit im N-Teil der DDR während der letzten 25 Jahre kam es zur Entdeckung der Produkte eines ausgedehnten permosilesischen Vulkanismus im verdeckten Untergrund dieses Gebietes. Die petrographisch-geochemische Bearbeitung dieser Gesteine führte zur Ausgliederung von drei mächtigen Vulkanitkomplexen: des Darß-Uckermark-Eruptivkomplexes, des Ostbrandenburger Eruptivkomplexes und des Altmark-Eruptivkomplexes (Abb. 1), (TGL 34331/01). Der Ostbrandenburger Eruptivkomplex besteht vorwiegend aus basischen Andesiten, während die beiden anderen Eruptivkomplexe überwiegend aus sauren Vulkaniten aufgebaut werden. Die sauren Eruptivkomplexe und das Gebiet zwischen ihnen (E-Rand der Prignitzer Autun-Senke nach TGL 34331/01) weisen aber auch einen geringen Anteil basischer Gesteine auf, die an bestimmten Stellen innerhalb der Vulkanitkomplexe konzentriert sind. Die vorliegende Arbeit wird sich nur mit diesen basischen Magmatiten befassen.

Das Vorkommen am N-Rand des Darß-Uckermarker Eruptivkomplexes soll als Gebiet A, das am E-Rand der Prignitzer Autun-Senke als das Gebiet B und das der Altmark als Gebiet C bezeichnet werden. In diesen Gebieten treten die in Tab. 1 angeführten basischen Magmatite auf. Neben effusiven und intrusiven Gesteinen mit permosilesischem – vermutlich überwiegend autunischem – Alter kommt im Gebiet A ein älterer Vulkanismus vor, der in das Dinant (Visé 3) eingestuft wird.

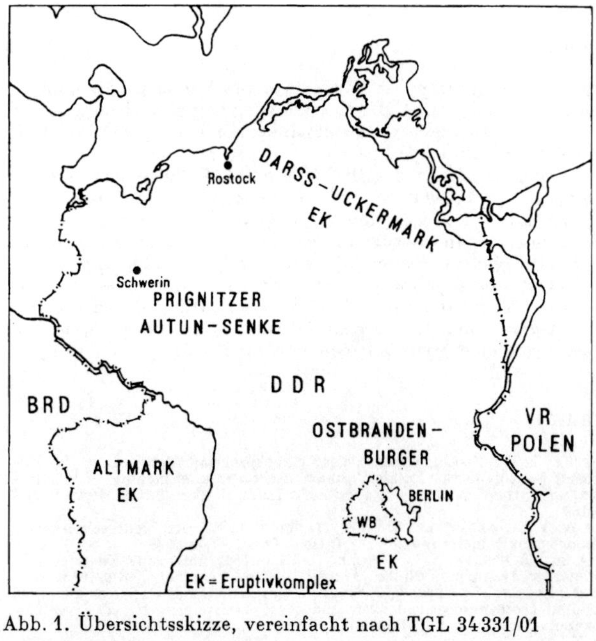

Abb. 1. Übersichtsskizze, vereinfacht nach TGL 34331/01

Eingang des Manuskripts in der Redaktion: 12. 1. 1988

Tab. 1. Basische Magmatite im DDR-Anteil der Mitteleuropäischen Senke

Gebiet	Gesteine
A	*Permosiles* effusiv: Olivinbasalte intrusiv: Diabase (Mikrogabbros) *Dinant* effusiv: Basalte und Tuffe
B	*Permosiles* effusiv: Olivinbasalte intrusiv: quarzführender Mikromonzogabbro spilitisierte Basalte bis Diabase
C	*Permosiles* effusiv: Olivinbasalte

Veröffentlichungen liegen bisher nur zu den Magmatiten des Gebietes A vor (PENSOLD 1967; KORICH 1967; KRAMER & MUKKE 1973; KRAMER 1977, 1979; KRAMER & LOOS 1984).

Petrographie der basischen Magmatite

Die permosilesischen Basalte des Gebietes A bauen Vulkanitfolgen auf, die aus Einzelergüssen mit mittleren Mächtigkeiten von etwa 10 m bestehen. Im Verbreitungsgebiet der basischen Vulkanite wechsellagern diese meist mit sauren Vulkaniten, wobei aber auch rein basaltische Teilfolgen bis ca. 200 m Mächtigkeit vorkommen. Die Diabase bzw. Mikrogabbros stellen intrusive Gesteine mit konkordanter und diskordanter Lagerung in Sedimenten des Ordoviziums bis Oberkarbons dar. Die im Bohrloch nachgewiesenen Mächtigkeiten dieser Gesteine variieren von 1,5 cm bis 145 m mit einem Häufigkeitsmaximum unter 10 m.
Der Aufschlußgrad des Dinant-Vulkanismus ist gegenwärtig noch sehr gering, da er bisher nur in einer Bohrung angetroffen wurde, wo er zwei Basaltkörper mit ca. 50 m bzw. 100 m Mächtigkeit bildet, die durch eine ca. 50 m mächtige Sedimentfolge voneinander getrennt sind. Bereits im oberen Dinant auftretende Abtragungsprodukte weisen nach, daß dieser Vulkanismus vielfältiger ist, als in der Bohrung nachgewiesen. So wurde auch Abtragungsmaterial saurer Vulkanite sowie basischer Mikromandelsteine und basischer Aschentuffe festgestellt.
Der durch Dünnschliffintegrationen ermittelte Modalbestand der basischen Magmatite ist in Tab. 2 enthalten (Streubereiche und Mittelwerte in Vol.-%). Da die Gesteine in vielen Fällen nicht mehr frisch sind, machte die Zuordnung der sekundären Minerale zu den primären Mafiten teilweise Schwierigkeiten. Wenn eine Zuordnung möglich war, wurde sie vorgenommen.

Tab. 2. Modalbestand (Integrationen), in Vol.-%

Gebiet	Gestein	n	Einsprenglinge		Grundmasse							
			Plagioklas	Mafite	Plagioklas	Klinopyroxen		Olivin		Erz	Mesostasis	Sonstiges
						frisch	zersetzt	frisch	zersetzt			
A	Basalte	22	(+)	(+)	41,4–68,4	5,2–39,6			13,1–37,0			
	(permosilesisch)				49,4	23,9			26,5 (E5–10)			
	Diabas	67	(+)	(+)	41,1–55,6	0–33,6	6,5–22,5	0–7,4	1,1–18,6	1,7–9,9		Biotit 0–5,6
					49,2	34,0		11,6		4,7		Pyrit 0–1,0
	Basalt, oberer	6	3,2–14,1	< 1	33,2–40,5	0–10,1	zersetzte Mafite:		46,6–57,4	0,1–1,3		sekundärer Quarz < 1
	(Dinant)		7,1		35,0	7,2			49,9	0,2		
	Basalt, unterer	3	(+)	(+)	37,1–46,0		zersetzte Mafite:		53,3–62,5			
	(Dinant)				41,1				58,4			
B	Basalt	12	(+)	(+)	46,5–55,1	15,3– > 30			?–7,3	1,6–9,1	3,5–14,8	
					50,9	31,1			1,9	6,0	6,1	
	Mikromonzogabbro	5	(+)		36,2–46,9	20,8– > 30			1,2–3,8	5,8–8,9	8,0–15,3	Quarz 3,7–5,4
					43,8	30,9			2,5	7,1	11,1	4,5
	spilitischer Diabas	4	(+)	(+)	34,1–40,9					9,5–12,2	49,6–56,0	
					36,8					10,4	52,8	
C	Basalt	6	3,2–6,5	0,9–2,8	37,9–50,0	17,9–30,0			18,2–29,3		2,2–4,9	
			4,7	1,8	44,8	22,8			22,3 (E5–6)		3,7	

(+) – vereinzelt Einsprenglinge; n – Anzahl der Dünnschliffintegrationen

Die Olivinbasalte des Gebietes A stellen einsprenglingarme Gesteine dar (< 5% Labradorit und Pseudomorphosen nach Olivin oder Pyroxen). Die Einzelergüsse sind in ihren oberen Bereichen als Mandelsteine mit maximal 20% Mandeln ausgebildet. Die Kernfazies ist ebenfalls oft noch mandelführend. In Abhängigkeit von der Entfernung zu den Ergußgrenzen vergröbert sich die Grundmasse, so daß intersertale, intergranulare und mikropoikiloophitische Strukturen auftreten. Hauptbestandteile sind Plagioklas, Klinopyroxen und Olivin, wobei der Olivin aber stets umgewandelt ist und die mit Hämatit durchsetzten Pseudomorphosen häufig nicht mehr vom Erzgehalt des Gesteins zu unterscheiden sind. Es wird eingeschätzt, daß der primäre Erzbestand 5 bis 10% beträgt, so daß auf den Olivingehalt etwa 20% entfallen. Als sekundäre Minerale kommen vor allem Tonminerale, Chlorit, Serizit, Kalzit und Quarz vor.

Die Diabase, bei denen ebenfalls zwischen einer typischen Randfazies mit feinkörniger Ausbildung und teilweiser Mandelführung sowie einer gröberen Kernfazies unterschieden werden kann, bestehen aus Plagioklas (Labradorit bis Bytownit), Klinopyroxen, Olivin und Erz. Die teilweise sehr starke Zersetzung führte hauptsächlich zur Neubildung von Karbonaten und Tonmineralen. Einzelheiten dazu finden sich bei KRAMER & MUCKE (1973). Zur Untergliederung der Diabase in einzelne Typen wurden die intratellurischen Einsprenglinge benutzt, wobei ebenfalls eine Unterscheidung zwischen biotitführenden (b) und biotitfreien Typen erfolgte.

Der Typ I/Ib enthält Einsprenglinge von Olivin und/oder Orthopyroxen, die als Besonderheit Einschlüsse von idiomorphen, grünlich-bräunlichen Spinellkörnern aufweisen (Cr-haltiger Spinell). Der Typ II/IIb ist ein aphyrischer, mehr oder weniger gleichkörniger Typ, während beim Typ III Plagioklaseinsprenglinge von einigen Millimetern bis Zentimetern Größe vorkommen. Diese weisen nach Mikrosondenuntersuchungen[1]) die Zusammensetzung $Ab_{27,5}An_{70,3}Or_{2,3}$ auf (Grenzbereich Labradorit/Bytownit). Der Typ IV läßt sich nur geochemisch durch seinen erhöhten TiO_2-Gehalt ausgliedern. Der Chemismus weist große Ähnlichkeit mit einer quarzführenden, apatitreichen Schliere in einem Diabaskörper auf, die als leukokrates Differentiationsprodukt und späterer Nachschub gedeutet wird.

Die Basalte des Dinants sind stark umgewandelte Gesteine in typischer Effusivfazies, die sich in ihrer Ausbildungsform etwas voneinander unterscheiden. Der untere Basaltkörper ist durchweg als Brekzie ausgebildet, wobei die Bruchstücke durch Chlorit, Quarz, Feldspat und Karbonat ohne klastischen Anteil verkittet werden. Das Gestein ist sehr einsprenglingarm und besteht aus Plagioklas sowie einer chloritischen Zwickelfüllung, die stark mit Leukoxen durchsetzt ist.

Der obere Basalt enthält reichlicher Plagioklaseinsprenglinge in einer Grundmasse aus Plagioklas, Chlorit und Leukoxen. Stellenweise ist noch frischer Pyroxen vorhanden. Dieser Basalt ist nur an seiner Oberkante brekziös ausgebildet. Eine Untergliederung in drei Teilergüsse ist wahrscheinlich.

Die basischen Gesteine des Gebietes B wurden bisher nur in einer Bohrung nachgewiesen, wo in eine saure Vulkanitfolge eine ca. 300 m mächtige Basaltfolge eingeschaltet ist, die aus mehreren Ergüssen und einem an der Basis dieser Folge intrudierten quarzführenden Mikromonzogabbro besteht. Außerdem weist die unterlagernde Rhyolithoidfolge mehrere geringmächtige Gänge von spilitisierten Diabasen auf.

Die Ausbildung der Basaltergüsse entspricht derjenigen im Gebiet A (mittlere Mächtigkeit 5 bis 10 m, Rand- und Kernfazies, obere Mandelsteinhorizonte). Die Plagioklase und Klinopyroxene der Grundmasse sind teilweise, die Olivine vollständig umgewandelt worden, wobei als Umwandlungsprodukte vorwiegend Chlorit und Hämatit auftreten. Die Basalte enthalten einzelne Einsprenglinge (stark serizitisierte Plagioklase, Pseudomorphosen aus Hämatit und Chlorit nach vermutlich Olivin).

Der quarzführende Mikromonzogabbro ist gegenüber den Basalten vergröbert und mandelfrei. In Zwickeln tritt ein geringer Anteil von Mesostasis auf, die als feine Verwachsung von Orthoklas und Quarz identifiziert werden kann. Die Plagioklase sind häufig stark serizitisiert, die Pyroxene teilweise und die Olivine völlig in Chlorit, Hämatit, Quarz und Epidot umgewandelt worden. Der spilitisierte Diabas enthält Plagioklase (primär Labradorit/Bytownit, albitisiert), Mafitpseudomorphosen und Erz der 1. Generation sowie eine pilotaxitische bis intersertale Grundmasse, die aus Plagioklas und einer chloritisierten Mesostasis besteht, in der sich ehemalige Mafite verbergen. Als sekundäre Minerale treten weiterhin Kalzit und Leukoxen auf.

Die Basalte des Gebietes C wurden bisher nur in zwei kleineren Arealen nachgewiesen. Sie stellen in den betreffenden Bohrungen die obersten Vulkanite dar, wurden jedoch nicht durchteuft, so daß ihre Stellung zu den anderen Rhyolithoiden oder andesitoiden Vulkaniten noch unklar ist. Es ist möglich, daß diese Basalte die jüngsten Ergüsse im Altmark-Eruptivkomplex darstellen. Die maximal nachgewiesenen Mächtigkeiten betragen > 30 m. Eine Untergliederung in einzelne Ergüsse mit 2 bis 15 m Mächtigkeit ist möglich. Es sind

[1]) durchgeführt von Dr. P. Lange, Hochschule für Architektur und Bauwesen, Weimar

Rand- und Kernfazies sowie obere Mandelsteinhorizonte (20 bis 30% Mandeln) vorhanden. Die Gesteine enthalten vereinzelte Einsprenglinge von Plagioklas und zersetzten Mafiten Auch die Mafite der Grundmasse sind häufig stark umgewandelt worden. Das primäre Erz ist von stark vererzten Pseudomorphosen nach Olivin meist nicht sicher zu trennen. Es wird jedoch ein primärer Erzgehalt von 5 bis 6% und ein Olivingehalt von ca. 15% geschätzt. Als sekundäre Mineralbildungen treten in den Basalten vorwiegend Serizit, Tonminerale, Albit und Hämatit auf. In der Randfazies ist ein höherer Gehalt an Mesostasis enthalten.

Geochemische Untersuchungen

Insgesamt wurden 175 chemische Analysen ausgewertet. Wegen des großen Umfanges des Materials werden in dieser Arbeit nur die Mittelwerte der ausgegliederten Magmatittypen (Tab. 3) angegeben. Zur graphischen Auswertung wurden entweder alle Einzelwerte, die Mittelwerte oder z. T. auch die H_2O- und CO_2-frei berechneten Mittelwerte (korrigierte Mittelwerte) benutzt. Die geochemische Auswertung erfolgte nach verschiedenen Methoden, von denen hier nur eine Auswahl vorgestellt werden soll.

Die teilweise hohen H_2O- und CO_2-Gehalte der Analysen bezeugen, daß die Gesteine meist nicht mehr frisch sind. Eine extrem starke Veränderung des Makrochemismus erfolgte bei karbonatisierten Diabasen (Tab. 3, Nr. 10) des Gebietes A, die vor allem durch Verringerung von SiO_2 und Na_2O sowie Anreicherung von CO_2 gekennzeichnet sind. Auf diese Veränderungen gingen Kramer & Mucke (1973) bereits ein. Für die älteren Veröffentlichungen standen nicht genügend Analysen zur Verfügung, so daß eine geochemische Charakteristik der Diabastypen des Gebietes A noch nicht so detailliert wie in vorliegender Arbeit möglich war.

Nach dem durch Integrationen ermittelten Modalbestand konnten die Gesteine als basaltoide Magmatite eingestuft werden. Dem entspricht auch der Chemismus. Unter Verwendung der Rittmann-AMS-Norm (Rittmann 1973) und der Klassifikation intermediärer und basischer Gesteine nach Streckeisen (1980) sind die Basite der Gebiete A und C als Leukobasalte zu bezeichnen, da bei H_2O- und CO_2-frei korrigierten SiO_2-Gehalten unter 52% ihre Farbzahlen unter 40 Gew.-% liegen. Diese Feststellung gilt auch für die Basalte des Gebietes B. Die spilitisierten Diabase dieses Gebietes sind als quarzführende Leukobasalte zu bezeichnen, während der Mikromonzogabbro sich im Grenzbereich zu Mikromonzodiorit befindet (36 bis 60% An im Plagioklas).

Zur Charakterisierung der Gesteine soll weiterhin die relativ einfache Klassifikation nach Middlemost (1972) verwendet werden (Abb. 2). Es ist ersichtlich, daß die basischsten Gesteine die Basite des Gebietes A sind. Es handelt sich bei ihnen um subalkalische basaltische Gesteine mit Tendenzen zu alkalischen Magmatiten bei einzelnen Gesteinstypen (Nr. 1 — Basalte, Nr. 8 — Diabase Typ IV, Nr. 9 — Diabas, alkalische Schliere).

Tab. 3. Chemische Analysen (Mittelwerte pro Gesteinstyp)

Gebiet	A											B			C
Gestein/Nr.	1	2	3	4	5	6	7	8	9	10	11	12	13	14	15
n	21	85	12	7	23	36	7	6	1	23	7	9	2	2	19
% SiO_2	43,6	44,5	44,7	43,8	44,4	44,9	43,9	45,5	49,4	37,9	46,5	47,0	51,1	48,2	45,4
TiO_2	1,38	1,46	0,79	1,01	1,59	1,71	1,44	3,02	2,78	1,14	3,20	1,19	1,86	3,61	2,29
Al_2O_3	16,5	16,7	16,8	16,7	16,7	16,6	17,3	14,8	14,0	16.2	15,6	14,6	13,9	12,1	15,9
Fe_2O_3	9,5	3,2	2,8	1,9	3,4	3,2	4,9	4,0	5,7	2,8	2,6	9,9	12,4	4,2	9,0
FeO	2,2	7,8	6,1	6,6	7,9	8,6	7,1	10,6	6,3	8,3	8,3	2,2	4,6	10,6	1,6
MnO	0,20	0,19	0,23	0,13	0,18	0,17	0,24	0,23	0,18	0,23	0,14	0,33	0,24	0,27	0,21
MgO	7,5	7,8	8,1	9,8	7,6	7,4	7,5	5,9	5,2	6,3	5,6	8,3	5,4	3,5	8,4
CaO	8,8	9,7	11,9	10,0	9,5	9,3	8,9	8,7	3,6	10,5	6,9	6,6	6,3	5,9	4,3
Na_2O	2,7	2,2	1,9	2,1	2,2	2,4	2,1	3,0	4,9	1,8	3,9	4,3	2,1	2,9	3,5
K_2O	0,63	0,50	0,24	0,54	0,21	0,68	0,93	0,53	0,44	0,21	0,59	0,82	2,3	0,51	2,4
H_2O^-	1,9	0,6	0,6	1,0	0,7	0,5	0,6	0,5	1,3	0,8	0,7	0,5	0,3	n. b.	1,1
H_2O^+	3,2	3,0	2,4	3,9	3,2	2,8	3,1	1,7	3,6	4,3	3,4	n. b.	n. b.	n. b.	4,3
P_2O_5	0,21	0,14	0,05	0,13	0,13	0,18	0,15	0,36	0,20	0,10	0,36	0,14	0,22	0,59	0,22
CO_2	2,0	2,0	3,1	2,2	2,6	1,2	1,9	0,4	1,6	9,1	1,1	0,4	0,4	2,3	1,9
S	0,13	0,21	0,24	0,05	0,31	0,18	0,19	0,13	0,06	0,31	0,13	0	0	0,07	0,02
F	0,03	0,03	0,03	0,03	0,03	0,03	n. b.	0,05	0,06	0,04	0,05	n. b.	n. b.	0,21	0,05
Cl	0,25	0,04	0,02	0,03	0,04	0,04	n. b.	0,04	0,10	0,05	0,01	0,14	0,05	0,03	0,15
Glühverlust												5,0	2,3	5,6	
ppm Ba	< 100	137	< 100	219	< 100	131	257	120	160		400	320	250	< 100	340
Rb	28	< 25	< 25	< 25	< 25	< 25	53	< 25	< 25		<25	55	175	< 25	72
Zn	130	53	47	50	50	56	n. b.	60	70		90	440	125	200	270
Sr	212	249	150	161	269	276	n. b.	250	155		560	185	115	50	142
B	80	24	<2)	21	20	27	64	21	29		23	59	64	< 20	47
Zr	61	64	41	37	64	74	78	190	275		205	110	195	460	115
Co	42	46	47	50	46	46	42	39	30		33	45	42	24	40
Cr	51	123	356	271	79	56	75	32	< 5		75	379	87	10	155
Cu	71	198	123	141	175	248	152	237	81		107	18	116	55	29
Ga	18	16	15	8	18	17	19	20	13		16	13	15	24	14
Ni	97	119	145	141	115	111	102	40	13		46	57	43	14	100
Pb	78	5	9	< 5	6	< 5	8	< 5	< 5		< 5	24	18	5	52
Sn	6	6	< 5	< 5	5	7	n. b.	8	6		6	6	15	12	5
V	257	292	229	210	304	343	165	437	141		250	212	337	303	275
Li	126	< 50	< 50	50	< 50	< 50	< 50	50	50		50	375	130	50	170
n für Y und Nb	7	16	2	1	4	6	0	3	0		0	8	3	3	2
Y	26	32	20	23	29	30	n. b.	50	n. b.		n. b.	28	45	98	40
Nb	7	9	8	22	7	7	n. b.	11	n. b.		n. b.	11	14	33	11

Gestein/Nr. im Tabellenkopf: 1 – Basalt, permosilesisch; 2 – Diabas, gesamt; 3 – Diabas Typ I; 4 – Diabas Typ Ib; 5 – Diabas Typ II; 6 – Diabas Typ IIb; 7 – Diabas Typ III; 8 – Diabas Typ IV; 9 – Diabas, alkalische Schliere; 10 – Diabas, stark karbonatisiert; 11 – Basalt, Dinant; 12 – Basalt; 13 – Mikromonzogabbro; 14 – Diabas, spilitisiert; 15 – Basalt
Analytiker: Labor des Zentralen Geologischen Institutes Berlin

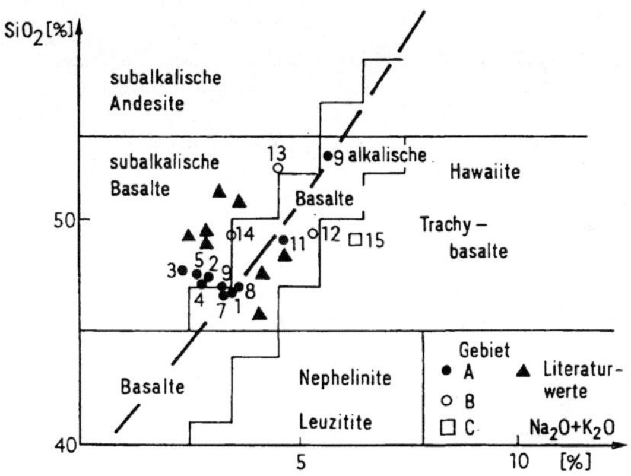

Abb. 2. Diagramm $SiO_2-Na_2O + K_2O$ (nach MIDDLEMOST 1972)
Die gestrichelte Linie trennt Subalkali- (links) von Alkali-Gesteinen (rechts). Korrigierte Mittelwerte der untersuchten Gesteinstypen sowie Mittelwerte basaltischer Gesteine (nach KUTOLIN 1968 und WEDEPOHL 1975), Gesteinsnummern siehe Tab. 3

Die in das Diagramm eingezeichnete Trennungslinie nach IRVINE & BARAGAR (1971) weist den generell tholeiitischen Charakter dieser Gesteine nach. Die Originalanalysen zeigen diese Beziehung nicht so deutlich, da diese Werte durch ihre sekundär erniedrigten SiO_2-Gehalte stärker in den alkalischen Bereich fallen. Die Basalte des Dinant (Nr. 11) befinden sich bereits im Bereich der Alkalibasalte, ebenso die Basalte des Gebietes B. Deren Differentiate (Nr. 13, 14) haben aber auch tholeiitischen Charakter.

Die alkalireichsten Vulkanite sind die Basalte des Gebietes C, die Trachybasalten entsprechen. Bei diesen Gesteinen schwanken die Alkaligehalte sehr stark (Na_2O 1,4–5,1%, K_2O 0,6–3,0%, im Extremfall bis 6,8%), was auf sekundäre Einflüsse hinweist.

Der subalkalische Charakter der meisten untersuchten Basite wird auch durch andere Diagramme bestätigt. So benutzten WINCHESTER & FLOYD (1977) immobile Elemente, die bei Gesteinsumwandlungen nur relativ geringe Veränderungen erfahren, um zwischen subalkalischen, mild alkalischen und stark alkalischen Gesteinsserien unterscheiden zu können (Abb. 3). Nach dieser Darstellung besitzen nur die Intrusivdiabase des Gebietes B (Nr. 14) einen mild alkalischen Charakter.

Zur Untergliederung der subalkalischen Serie in eine tholeiitische (TH) und eine kalkalkalische Assoziation (CA) wurde von MIYASHIRO & SHIDO (1975) eine Reihe von Diagrammen auf der Grundlage der Elemente Ti, V, Cr und Ni vorgeschlagen, deren Anwendung

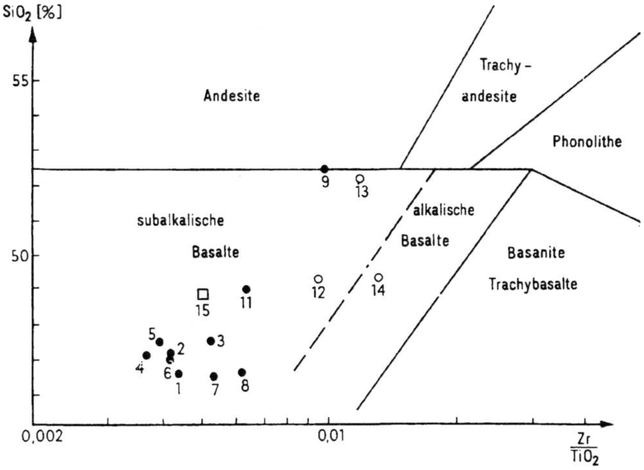

Abb. 3. Diagramm SiO_2-Zr/TiO_2, nach WINCHESTER & FLOYD (1977)
Signaturen wie in Abb. 2, Gesteinsnummern s. Tab. 3, SiO_2 = korrigierte Mittelwerte

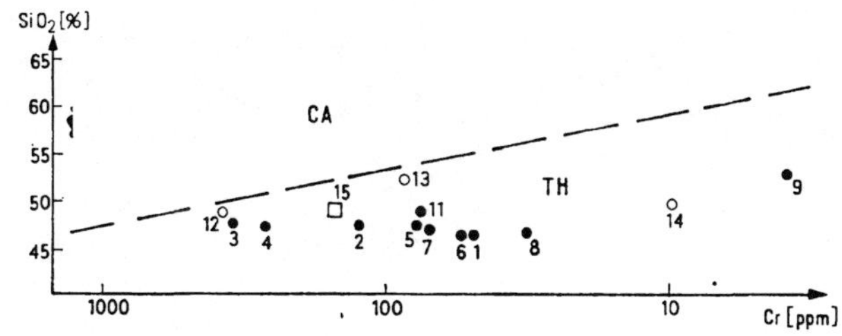

Abb. 4. Diagramm SiO_2—Cr, nach MIYASHIRO & SHIDO (1975)
TH — tholeiitische Assoziation; CA — kalkalkalische Assoziation; Gesteinsnummern s. Tab. 3

aber zu etwas widersprüchlichen Ergebnissen führte. Eindeutig ist das Diagramm SiO_2 (korrigierte Werte) — Cr (Abb. 4), das eine Einordnung aller untersuchten basischen Magmatite in die tholeiitische Assoziation erlaubt. Aus der Darstellung geht ein relativ geradliniger Differentiationstrend bei den Diabasen des Gebietes A von den Typen I/Ib bis zu alkalischen Schlieren (Nr. 9) hervor. Auch im Diagramm P_2O_5—Zr (Abb. 5), das eine Trennung zwischen Alkalibasalten (A) und tholeiitischen Basalten (TH) erlaubt, befinden sich alle angeführten Mittelwerte im tholeiitischen Bereich.

Unter Anwendung der vereinfachten Diskriminanzmethode nach YELLUR (1977), die auf dem Verhältnis SiO_2/TiO_2 in der Funktion F1, K_2O/MgO in F2 und Al_2O_3 in F3 beruht, wird deutlich, daß die untersuchten Basite entweder rezenten tholeiitischen Ozeanbodenbasalten (Gebiet A) oder Basalten mit Intraplattenposition (Gebiet B, kontinentale Basalte, Gebiet C, ozeanische Inselbasalte, Alkalitendenz) ähneln.

Von PEARCE, GORMAN & BIRKETT (1975) wurde ein $TiO_2-K_2O-P_2O_5$-Diagramm zur Unterscheidung ozeanischer und kontinentaler Basalte publiziert, das in Abb. 6 dargestellt ist. Trotz der relativ großen Streubereiche der Einzelwerte befindet sich der Schwerpunkt der Gesteine des Gebietes A im ozeanischen Bereich. Eine kontinentale Tendenz ist bei einem Teil der permosilesischen Basalte und den Diabastypen Ib und III vorhanden. Der Schwerpunkt der basaltischen Gesteine der Gebiete B und C liegt trotz ebenfalls großer Streuung im kontinentalen Bereich des Diagramms.

In Abwandlung des Ti—Zr—Y-Diagramms nach PEARCE & CANN (1973) schlug MESCHEDE (1986) ein weiteres Diagramm auf der Grundlage der immobilen Elemente Nb, Zr und Y zur Bestimmung des tektonomagmatischen Milieus basaltischer Gesteine vor, das zur Unterscheidung verschiedener Typen mittelozeanischer Rückenbasalte (MORB) und kontinentaler Tholeiite dient. Die Darstellung der wenigen vorhandenen Werte aus den Gebieten A und B (Abb. 7) zeigt trotz geringer Überschneidungen für die Basite des Gebietes A eine Vergleichbarkeit mit den N-type MORB (Basalte von normalen — oder verarmten — Rückenabschnitten). Ausnahmen bilden die wenigen Werte der Diabase Typ I/Ib, die den P-type MORB (Basalte von plume-beeinflußten, angereicherten Rückenabschnitten) ähnlich sind. Die Basalte des Gebietes B würden P-type MORB entsprechen, mit einer Tendenz zu

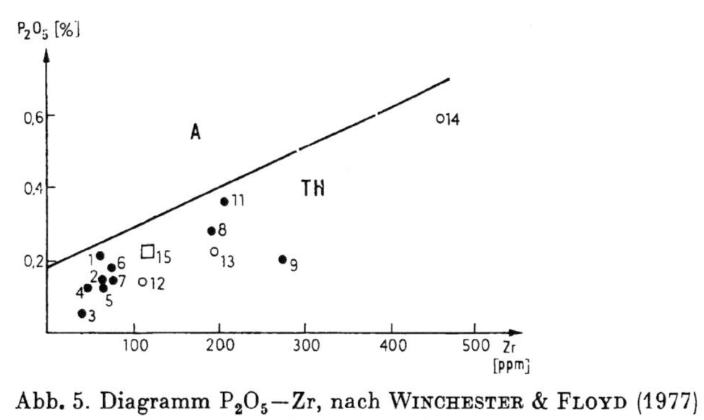

Abb. 5. Diagramm P_2O_5—Zr, nach WINCHESTER & FLOYD (1977)
A — Alkalibasalte; TH — tholeiitische Basalte; Gesteinsnummern s. Tab. 3

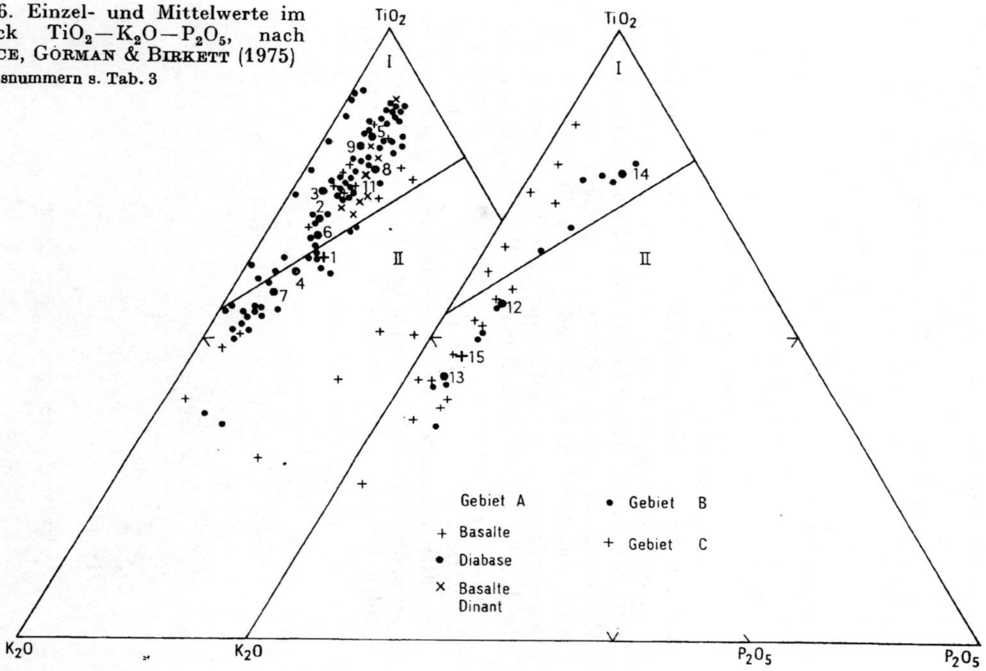

Abb. 6. Einzel- und Mittelwerte im Dreieck $TiO_2-K_2O-P_2O_5$, nach Pearce, Gorman & Birkett (1975)
Gesteinsnummern s. Tab. 3

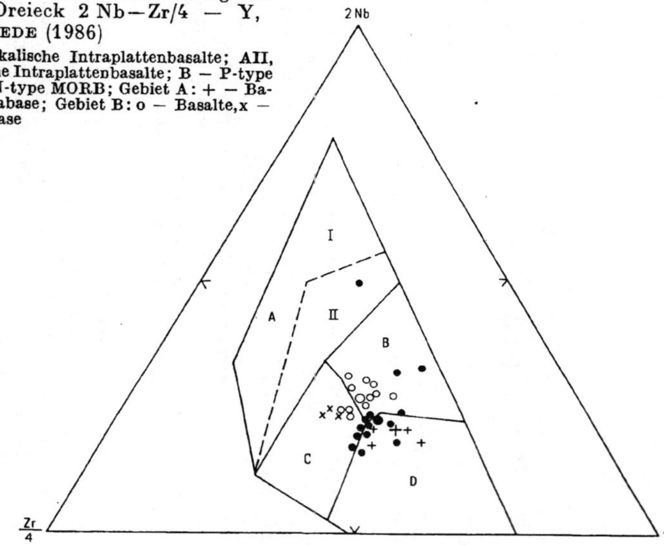

Abb. 7. Geotektonische Zuordnung der Basite im Dreieck 2 Nb—Zr/4 — Y, nach Meschede (1986)
AI, AII — alkalische Intraplattenbasalte; AII, C — tholeiitische Intraplattenbasalte; B — P-type MORB; D — N-type MORB; Gebiet A: + — Basalte, ● — Diabase; Gebiet B: o — Basalte, x — spilitische Diabase

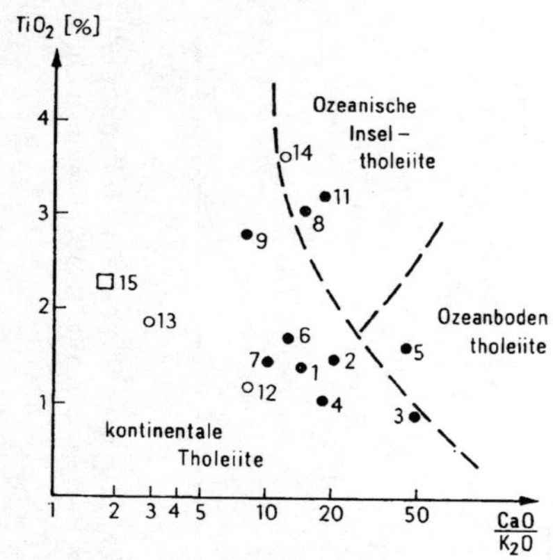

Abb. 8. Diagramm TiO_2-CaO/K_2O nach Wagner (1980, aus Sahandi, Baumgartner & Schmidt 1984)
Gesteinssignaturen nach Abb. 2, Gesteinsnummern nach Tab. 3

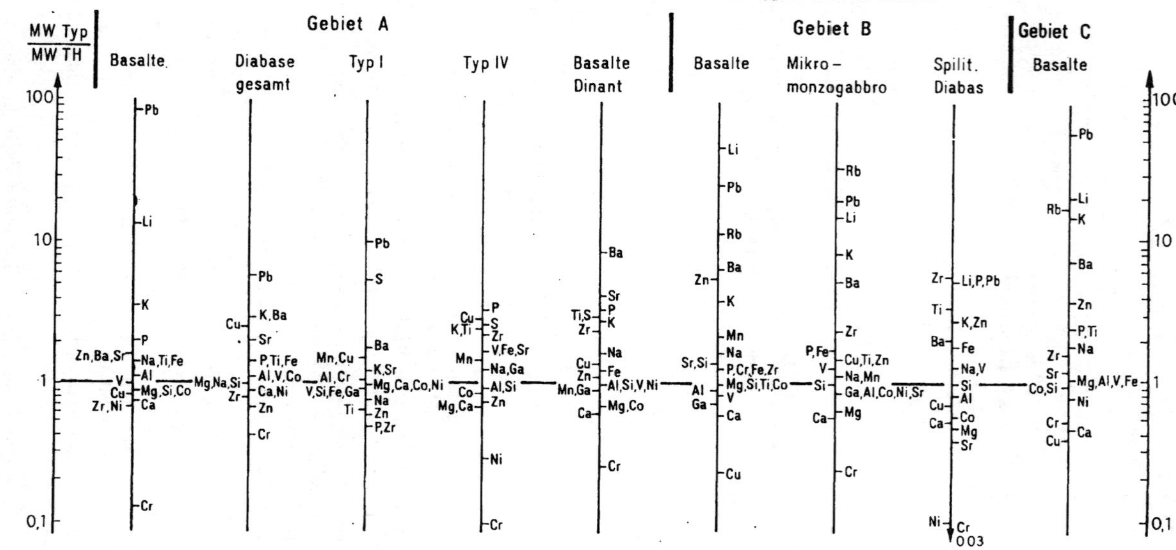

Abb. 9. Konzentrationsvergleich einzelner Elemente mit Durchschnittswerten tholeiitischer Ozeanbodenbasalte (Wedepohl 1981)
Verhältniszahlen Mittelwert Gesteinstyp/Mittelwert Tholeiit

tholeiitischen Intraplattenbasalten, die besonders bei den spilitisierten Diabasen ausgeprägt ist, die aber nicht im Limit 20% > CaO + MgO > 12% liegen, das für basaltische Gesteine gefordert wird. Aus dem Gebiet C liegen zu wenig Bestimmungen vor.

Eine stärker kontinentale Tendenz bei den Gesteinen des Gebietes A erhält man mit Hilfe des TiO_2—CaO/K_2O-Diagrammes (Abb. 8) nach Wagner (1980, in Sahandi, Baumgartner u. a. 1984). In dieser Darstellung sind nur die allerdings zahlenmäßig vorherrschenden Diabase Typ II mit Ozeanboden-Tholeiiten vergleichbar, während die anderen basischen Magmatite des Gebietes A durch ihre etwas höheren K_2O-Gehalte kontinentalen Tholeiiten ähneln.

Die Basalte der Gebiete B und C entsprechen ebenfalls kontinentalen Tholeiiten. Eine Ausnahmestellung nehmen die TiO_2-reichsten Basite aus dem N-Teil der DDR ein (im Gebiet A: Diabase Typ IV und Basalte des Dinant, im Gebiet B: spilitisierte Diabase), die mit ozeanischen Insel-Tholeiiten vergleichbar sind.

In der Abb. 9 wird ein Vergleich bestimmter Elemente der einzelnen Magmatittypen mit den Durchschnittswerten tholeiitischer Ozeanboden-Basalte (Wedepohl 1981) vorgenommen. Die geringsten Abweichungen sind bei den Diabasen des Gebietes A festzustellen. Dabei zeigt der Typ I die beste Übereinstimmung (mit Ausnahme von Pb und S), während beim Typ IV die Konzentrationen von P, S, Cu, K, Ti und Zr mäßig erhöht, die von Cr und Ni erniedrigt sind. Auch die Basalte des Gebietes A weisen verringerte Cr- und erhöhte K-, Li- und Pb-Gehalte auf. Dazu ist allerdings zu bemerken, daß die Anreicherungen bevorzugt in den südlichsten Vorkommen auftreten, wo der saure permosilesische Vulkanismus das Übergewicht hat. Die Basite der Gebiete B und C zeigen stärkere Abweichungen, die vor allem in einer z. T. erheblichen Erhöhung der Gehalte der „large ion lithophile-" (LIL-) Elemente Li, Pb, Rb, Ba und K zum Ausdruck kommen. Ein charakteristisches Merkmal der tholeiitischen Ozeanboden-Basalte ist ihre Armut an diesen Elementen. Das könnte auf stärkere sialische Beeinflussung der basischen Schmelzen der Gebiete B und C hinweisen.

Zur Genese der Magmatite

Die stoffliche Charakteristik brachte den Nachweis, daß es sich bei den untersuchten basischen Gesteinen um Produkte simatischer Schmelzen mit generell tholeiitischer Zusammensetzung handelt. Ein mild alkalischer Charakter, der z. T. durch den Makrochemismus angezeigt wird, kann durch betreffende immobile Spurenelemente im allgemeinen nicht bestätigt werden. Ebenso ist ein Vergleich mit rezenten Basalttypen unterschiedlicher geotektonischer Position nicht immer eindeutig. Trotz ihrer kontinentalen Lage weisen die Basite des Gebietes A einen Chemismus auf, der je nach angewendeter Vergleichsmethode mehr oder weniger deutlich rezenten ozeanischen Basalten entspricht. Diese Gesteine stellen die basischsten und primitivsten basaltischen permosilesischen Magmatite des N-Teils der DDR dar. Sie lassen sich jedoch petrographisch-geochemisch in verschiedene Typen untergliedern, die als das Ergebnis von fraktionierter Kristallisation gedeutet werden.

Die Diabase mit Mafit-Einsprenglingen (I/Ib) stellen das dem primären Magma am nächsten stehende Material dar, gefolgt von den gleichkörnigen Diabasen (II/IIb) und den Diabasen mit Plagioklas-Einsprenglingen (III) bis zu den TiO_2-reichen Diabasen (IV) als den am stärksten differenzierten Gliedern, die sich aus dem Typ II/IIb entwickeln. Diese Reihung wird durch eine Anzahl von Elementen unterstützt: Zunahme von Ti, Fe, Na, P, Zr, V und Cu; Abnahme von Mg, Cr, Ni, Ni/Co, Co/Fe und Ni/Mg. Der Diabas Typ III weicht bei einigen Elementen (V, Cu, Li, Cr) vom Trend ab. Sein Entwicklungstrend geht mit einer Erhöhung von K und Sr einher, so daß mit zwei unterschiedlichen Fraktionierungstrends gerechnet wird.

Bei den basaltoiden Magmatiten der südlicheren Gebiete B und C ist der kontinentale Charakter stärker ausgeprägt. Diese Gesteine weisen bei ebenfalls tholeiitischer Grundtendenz durch Anreicherung von Li, Pb, Rb, Ba und K eine alkalische Affinität auf. Auf Grund des Vorkommens unterschiedlicher Gesteinstypen mit gerichteten chemischen Veränderungen kann auch im Gebiet B die Wirksamkeit einer fraktionierten Kristallisation angenommen werden.

Die erstmals im N-Teil der DDR nachgewiesenen Basalte des Dinants besitzen ebenfalls tholeiitischen Charakter. Sie weisen jedoch gegenüber den permosilesischen Basiten des Gebietes A eine etwas andere Elementcharakteristik auf (Anreicherung von Ba, Sr, P, Ti). Ihr Chemismus ist bedingt mit demjenigen der TiO_2-reichen permosilesischen Basittypen vergleichbar, was auch zu einer ähnlichen geotektonischen Zuordnung führt („ozeanischer" Charakter trotz kontinentaler Lage).

In Analogie zur Deutung der basischen Magmatite aus dem S-Teil der DDR als Produkte aus dem Oberen Mantel (Autorenkollektiv 1986) wird auch für die Basite des N-Teils eine Entstehung durch partielles Schmelzen von Mantelmaterial abgeleitet. Der in südlicher Richtung zunehmend kontinentale Charakter der Gesteine dürfte ein Hinweis auf eine größere Aufschmelztiefe sein, die eine höhere Krustenmächtigkeit in diesem Bereich anzeigen könnte. Interessant ist, daß der „ozeanische" Charakter der Basite vom N-Rand der Mitteleuropäischen Senke bereits im Dinant angelegt und prinzipiell im Permosiles beibehalten wurde.

Kramer & Loos (1984) konnten zeigen, daß die permosilesischen Basite vom N-Rand der Mitteleuropäischen Senke hinsichtlich ihres Gehaltes an bestimmten seltenen Elementen (La, Ce, Eu, Tb, Zr, Hf, Ta, Th) eine hohe Übereinstimmung mit den Basalten aus dem Zentraltrog des Roten Meeres aufweisen. Deshalb wird für diese Gesteine die Position eines embryonalen Riftes im Randbereich der Osteuropäischen Tafel diskutiert, dessen Entwicklung jedoch steckenblieb.

Der Dinant-Vulkanismus am N-Rand der Mitteleuropäischen Senke findet Parallelen in den initialen tholeiitischen Magmatiten des Dinants im Süden der DDR, wie sie besonders im Rhenoherzynikum auftreten (Deckdiabase, Rösler & Werner 1979) und beweist, daß der initiale Magmatismus über die variszische Geosynklinalzone Mitteleuropas hinausreicht.

Zusammenfassung

Im DDR-Anteil der Mitteleuropäischen Senke wurden bisher jungpaläozoische basische Magmatite in drei Gebieten nachgewiesen. Am N-Rand des Darß-Uckermark-Eruptivkomplexes kommen Basalte des Dinants sowie permosilesische Olivinbasalte und Olivindiabase vor. Ein weiteres Gebiet mit einer unterpermischen basischen Suite (Olivinbasalte, Mikromonzogabbro, spilitisierte Diabase) befindet sich am E-Rand der Prignitzer Autunsenke. Im Altmark-Eruptivkomplex sind unterpermische Olivinbasalte als jüngste Glieder der Vulkanitserie vorhanden. Diese Basite werden in ihrer Stellung zu den im Verbreitungsgebiet überwiegenden sauren bis intermediären Vulkaniten beschrieben sowie petrographisch und geochemisch charakterisiert. Dabei zeigt sich, daß die Basite tholeiitischen Charakter aufweisen mit einer alkalischen Affinität, die in südlicher Richtung zunimmt.

Резюме

В пределах территории ГДР Средне-Европейской впадины позднепалеозойские основные магматиты выявлены пока в трех районах. На северном борту Дарс-Укермаркского эруптивного комплекса присутствуют базальты динанта и пермосилезские оливиновые базальты и оливиновые диабазы. Другой район с нижнепермской основной свитой (оливиновые базалты, микромонцогаббро, спилитизированные диабазы) располагается на восточной крае Пригнитцкой отеновой впадины. В пределах Альтмаркского эруптивного комплекса присутствуют нижнепермские оливиновые базальты — наиболее поздние представители вулканитовой серии. Дается описание этих вулканитов, относящихся к области распространения преимущественно кислых до средних вулканитов, приводится их петрографическая и геохимическая характеристика. При этом выявляется, что базиты имеют толеитовый характер с тенденцией к щелочному составу, усиливающейся в южном направлении.

Summary

In the GDR-part of the Central European Basin Late Palaeozoic basic magmatites were found in three regions. Dinantian basalts as well as Permo-Silesian olivine basalts and olivine diabases are present at the northern margin of the Darß-Uckermark eruptive complex. Another region with a Lower Permian basic suite (olivine basalt, micro-monzo-gabbro, spilitized diabase) lies at the eastern margin of the Prignitz Autunian Basin. Lower Permian olivine basalts — as the youngest rocks of the volcanite series — are present in the Altmark eruptive complex. These basites are described in their position to the predominant acid and intermediate volcanites and they are characterized petrographically and geochemically. The results show, that the basites are of tholeiitic character with an alkalic affinity, which increases to the South.

Literatur

Autorenkollektiv: Vergleichende Geochemie basischer Magmatite auf dem Gebiet der DDR. — Freiberger Forsch.-H. R. C 407, Leipzig (1986) S. 1—117
IRVINE, T. N.; BARAGAR, W. R. A.: A guide to chemical classification of the common volcanic rocks. — Can. J. Earth Sci., Ottawa 8 (1971) S. 523—548
KORICH, D.: Eruptivgesteine im Rotliegenden des Nordteils der DDR. — Ber. dt. Gesellsch. geol. Wiss., R. A, Berlin 12 (1967) 3/4, S. 231—242
KRAMER, W.: Vergleichende geochemisch-petrologische Untersuchungen an permosilesischen basischen Magmatiten der Norddeutsch-Polnischen Senke und ihre geotektonische Bedeutung. — Z. geol. Wiss., Berlin 5 (1977) 1, S. 7—20
— Magmatisch-substantielle Widerspiegelung von Krustenänderungen in Raum und Zeit am Beispiel basischer Tiefenmagmen. — Z. geol. Wiss., Berlin 7 (1979) 3, S. 367—374
KRAMER, W.; LOOS, G.: Olivin tholeiites of the North German — Polish depression — sign for initial rifting? — Mineralia Slovaca, Bratislava 16 (1984)
KRAMER, W.; MUCKE, D.: Beziehungen zwischen Magmatiten und Sedimenten in sedimentären Komplexen. — Z. geol. Wiss., Berlin 1 (1973) 5, S. 531—548
KUTOLIN, V. A.: Statistische petrographische Kriterien der Formationszugehörigkeit für Basalte und Dolerite. — Dokl. AN SSSR, Moskva 178 (1968) 2, S. 434 bis 437 (russ.)
MESCHEDE, M.: A method of discriminating between different types of mid-ocean ridge basalts and continental tholeiites with the Nb—Zr—Y diagramm. — Chem. Geol., Amsterdam 56 (1986) S. 207—218
MIDDLEMOST, E. A. K.: A simple classification of volcanic rocks. — Bull. volcanol., Napoli 36 (1972) S. 382—397
MIYASHIRO, A.; SHIDO, F.: Tholeiitic and calc-alcalic series in relation to the behaviour of titanium, vanadium, chromium and nickel. — Amer. J. Sci., New Haven 275 (1975) S. 265—277
PENSOLD, G.: Zum Vorkommen von Intrusivgesteinen im Oberkarbon des Nordteils der DDR. — Ber. dt. Gesellsch. geol. Wiss., R. A, Berlin 12 (1967) 3/4, S. 201 bis 221
PEARCE, T. H.; CANN, J. R.: Tectonic setting of basic volcanic rocks determined using trace element analyses. — Earth & planet. Sci. Letters, Amsterdam 19 (1973) S. 290—300
PEARCE, T. H.; GORMAN, B. E.; BIRKETT, T. C.: The $TiO_2 - K_2O - P_2O_5$ diagramm: a method of discriminating between oceanic and non-oceanic basalts. — Earth & planet. Sci. Letters, Amsterdam 24 (1975) S. 419—426
RITTMANN, A.: Stable mineral assemblages of igneous rocks. — Berlin (West): Springer-Verlag 1973. — 262 S.
RÖSLER, H. J.; WERNER, C. D.: Petrogenetische Entwicklung des initialen Magmatismus im mitteleuropäischen Variszikum in Abhängigkeit vom Strukturbau. — Z. geol. Wiss., Berlin 7 (1979) 9, S. 1107—1112
SAHANDI, M.; BAUMGARTNER, S.; SCHMIDT, K.: Contributions to the stratigraphy and tectonics of the Zeber-Kuh Range (East Iran). — N. Jb. Geol. Paläont. Abh., Stuttgart 168 (1984) 2/3, S. 345—357
STRECKEISEN, A.: Classification and nomenclature of volcanic rocks, lamprophyres, carbonatites and melilitic rocks. IUGS Subcommission on the systematics of igneous rocks. — Geol. Rdsch., Stuttgart 69 (1980) 1, S. 194—207
WEDEPOHL, K. H.: The contribution of chemical data to assumptions about the origin of magmas from the mantle. — Fortschr. Mineral., Stuttgart 52 (1975) 2, S. 141—172
— Tholeiitic basalts from spreading ocean ridges. The growth of the oceanic crust. — Naturwissenschaften, Berlin (West) 68 (1981) 3, S. 110—119
WINCHESTER, J. A.; FLOYD, P. A.: Geochemical discrimination of different magma series and their differentiation products using immobile elements. — Chem. Geol., Amsterdam 20 (1977), S. 325—343
YELLUR, D. D.: Geochemical clues in the investigation of the tectonic environment of the Dalma Greenstone, Bihar, India. — Chem. Geol., Amsterdam 20 (1977) S. 345—363
TGL 34331/01: Geologie: Regionalgeologische Gliederung des Territoriums der DDR. — Fachbereichstandard, Berlin. — 1983

Geochemische Multielement-Kartierung auf der Basis der multivariaten Statistik

JOHANNES RENTZSCH, RAINER WAGENKNECHT, Berlin

Veröffentlichung Nr. 1/89 des Zentralen Geologischen Institutes

Geochemische Multielement-Aufnahmen regionalgeologischer Einheiten bzw. von ganzen Ländern werden im allgemeinen zur Bewertung des Ressourcenpotentials und/oder zur Einschätzung des umweltgeochemischen Istzustandes durchgeführt. Ihnen folgt aber bei den bekannt gewordenen regionalen Arbeiten mit Tausenden von Proben keine adäquate multivariate Auswertung und Kartendarstellung. Vielmehr werden Serien von kleinmaßstäblichen Einzelelement-Karten publiziert oder ganze Atlanten vorgelegt, so z. B. von England (WEBB, THORNTON u. a. 1978), der BRD (FAUTH, HINDEL u. a. 1985), der ČSSR (BARNET, ĎURIŠ & MŘNA 1986) und Teilen von Frankreich (WILHELM & ZEEGERS 1984), von Österreich (THALMANN 1984) und der VR China (Hrsg. XIE XUEJING 1985). Die Darstellung der Verteilung mehrerer Elemente in einer Karte erfolgte erstmals für das englische Beispiel und dort mit Hilfe additiver Farbmischung. In großem Umfang werden in Frankreich bei regionalen Arbeiten multivariate statistische Verfahren eingesetzt: multiple Regression und faktoranalytische Methoden zur Ermittlung und Abgrenzung des Untergrundes als Vorarbeit zur Herstellung entsprechend modifizierter Monoelement-Karten (WILHELM & ZEEGERS 1984).

In der Darstellung der Möglichkeiten der computergestützten Analyse geochemischer Felder durch THIERGÄRTNER, RENTZSCH & PILLATZKE (1984) sind die hier zu behandelnden Verfahren der Multielement-Kartierung bereits eingeordnet worden. Wenn wir von Multielement-Kartierung sprechen, verstehen wir darunter eine automatische geochemische Rayonierung auf der Grundlage multivariater statistischer Verfahren und nicht die synoptische Behandlung von Monoelement-Darstellungen, wie in dem schon genannten englischen Beispiel. In diesem Sinne echte Multielement-Karten sind die Faktorwertekarten von ROGERS, BONHAM-CARTER & ELLWOOD (1986) mit einem in diesem Zusammenhang eher klein zu nennenden Stichprobenumfang von 1500 Bachsedimenten. Solche Faktorwertekarten mit bis zu 7500 Proben werden im Zentralen Geologischen Institut (ZGI) seit etwa 10 Jahren hergestellt. An dieser Stelle ist ein weiteres Kriterium der angesprochenen Multielement-Kartierung hervorzuheben: Die dargestellten Elementassoziationen sind solche, die mit Hilfe multivariater statistischer Verfahren aus der Gesamtheit der betrachteten Elemente ermittelt wurden. Vorgegebene Elementassoziationen, wie sie durch geowissenschaftliche Methoden auszugliedern sind, werden hier nicht behandelt.

Eine Faktorwertekarte ist eine aus allen in die Faktoranalyse einbezogenen Elementen berechnete Multielement-Karte mit einer Interpretationsbeschränkung auf eine bestimmte, faktoranalytisch selektierte Elementassoziation. Eine analoge Einschränkung gilt bei der Anwendung der Clusteranalyse nicht. Die Clusterkarte ist eine Multielement-Karte, die die relevanten Aussagen zu allen Elementassoziationen gleichzeitig enthält. Als klassentypische (namengebende) Elementassoziation einer Klasse bezeichnen wir die Kombination von Elementen, deren Gehalte sich in dieser Klasse von den entsprechenden Gehalten in anderen Klassen deutlich abheben. Auf Einzelheiten wird weiter unten eingegangen.

Die Clusteranalyse (Q-mode) wird seit Jahren mit Erfolg

Eingang des Manuskripts in der Redaktion: 8. 2. 1988

zur Abgrenzung geochemischer Multielement-Anomalien verschiedener Ursachen eingesetzt. Die bekannt gewordenen Anwendungen beschränken sich allerdings auf kleine Probenanzahlen. In ihrer zusammenfassenden Analyse des Einsatzes von mathematischen Methoden in der Geochemie geben HOWARTH & GARRETT (1986) eine durch Algorithmen und Rechner bedingte Einsatzobergrenze von maximal 500 Proben an. Diese Aussage ist berechtigt, obwohl bereits in den siebziger Jahren auch im ZGI die Clusteranalyse auf wesentlich größere Stichprobenumfänge angesetzt wurde. Real erfolgte aber immer eine Reduzierung der Probenanzahl auf vergleichsweise sehr wenige Stellvertreter (im ZGI maximal 100), die dann einer hierarchischen Clusteranalyse unterzogen wurden. Das Zusammenwirken der angewendeten Reduzierungsverfahren (auch Vorklassifizierung genannt) und Clusteralgorithmen war mit vielen fragwürdigen Zuordnungen von Einzelproben verbunden, eine Erscheinung, mit deren Zunahme bei steigendem Stichprobenumfang zu rechnen war. Bei regionalen Arbeiten mit bis zu 1500 Proben wurden im ZGI aber auch mit diesen Verfahren noch überzeugende Multielement-Karten berechnet.

Ab 1983 stellte das Institut für Mathematik der Akademie der Wissenschaften der DDR mit dem Programmpaket CLUSTER (MUCHA 1983) eine Lösung zur Verfügung, die auch bei größten Stichprobenumfängen durch Kombination partitionierender und hierarchischer Verfahren ein optimales Ergebnis sichert.

Die Clusteranalyse liefert als ein Hauptergebnis eine Folge von Klassen unterschiedlicher Probenumfänge. Entsprechend der Anomaliedefinition (z. B. RENTZSCH, PILLATZKE u. a. 1983) sind Untergrundklassen durch große Probenumfänge, Anomalieklassen durch kleine Stichprobenumfänge erkennbar. Im Extremfall kann eine durch eine besondere Elementassoziation bestimmte Anomalieklasse nur durch eine Probe vertreten sein. Klassen mittlerer Stichprobenumfänge stellen allgemein lokale Multielement-Untergründe oder großräumige bzw. häufige Multielement-Anomalien dar. In allen von den Vff. bearbeiteten Gebieten mit 1500 bis 7500 Proben und 20 bis 35 geochemischen Merkmalen standen 3 bis 6 Untergrundklassen, die insgesamt ca. 80% aller Proben umfaßten, einer Vielzahl von Anomalieklassen gegenüber, die jede für sich maximal 2,5% der Proben enthielten. Wenn überhaupt vorhanden, nahmen lokale Multielement-Untergründe eine deutliche Zwischenstellung ein. Mehr als drei von ihnen wurden selten erhalten. Hervorzuheben ist die immer eindeutige Trennung zwischen diesen Klassenarten auf Grund ihrer Klassenumfänge.

Nach Einstufung der Klassen in Untergrundklassen, Klassen lokaler Untergründe und in Anomalieklassen kann über geographische Beziehungen und geologisch-geochemische Identifikationen eine Zuordnung der Anomalien zu „ihren" Untergrundklassen vorgenommen werden. Zur Ermittlung der eingangs genannten namengebenden Elementassoziation einer Anomalie und zu ihrer Beschreibung über die übliche statistische Klassenauswertung hinaus werden die Kontrastvektoren zu den Untergrundklassen durch elementweise Division der Mittelwertvektoren berechnet. Als anomal und namengebend werden Elemente mit Kontrasten $\geqq 3$ eingestuft. Wenn ausschließlich 2,0...2,9fache Kontraste zu einer regionalen Multielement-Untergrundklasse auftreten, wird die jeweilige Klasse als lokaler Untergrund bezeichnet. Die Bezeichnung erfolgt in jedem Fall nach abnehmendem Kontrast geordnet. Die Untergrundklassen können durch ihren Kontrast (Vektor der elementspezifischen Konzentrationskoeffizienten) zum planetaren Clarke bzw. Tonschiefer-Clarke näher definiert werden. Noch besser ist der Vergleich mit einer der Bach- bzw. Flußsediment-Standardproben der VR China (XIE, YAN u. a. 1985), z. B. der Standardprobe GSD-9 (Flußsediment Jangtse).

Die Kontrastvektoren zwischen den einzelnen Untergründen weisen durchweg niedrige Werte (< 2) auf. Zur Festlegung ihrer namengebenden Elementassoziation sind in der Regel

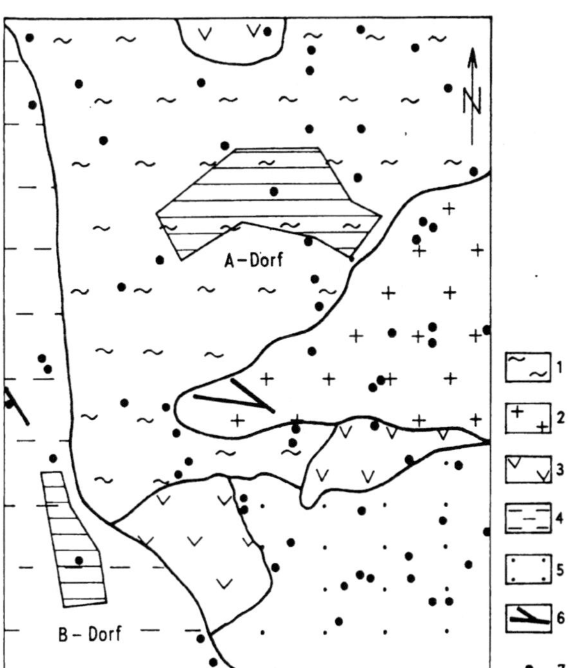

Abb. 1. Schema der geologischen Situation und der Verteilung der Bachsedimentproben

1 – Glimmerschiefer; 2 – Granit; 3 – Rhyolith; 4 – Sedimentite des Tafeldeckgebirges; 5 – paläozoischer Klastit; 6 – Barytgang; 7 – Probenahmepunkt der Bachsediment-Prospektion

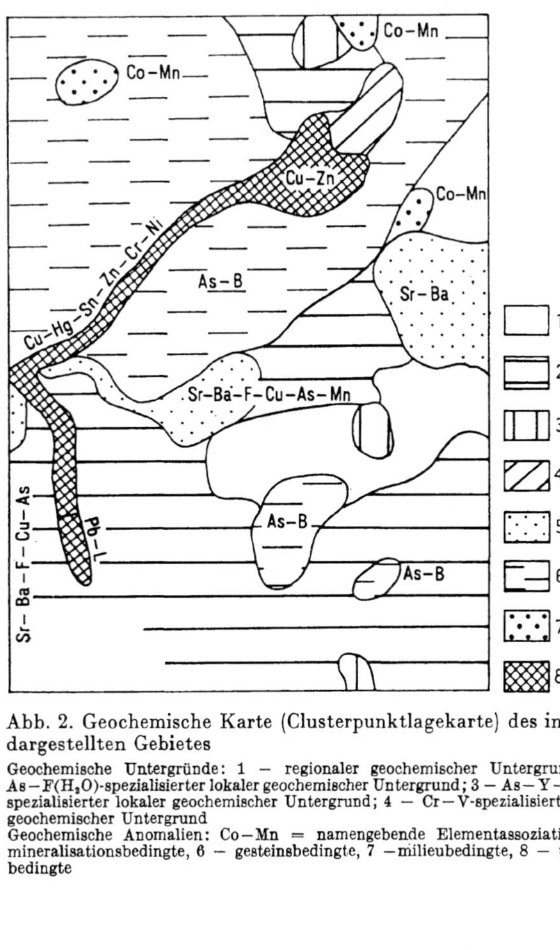

Abb. 2. Geochemische Karte (Clusterpunktlagekarte) des in Abb. 1 dargestellten Gebietes

Geochemische Untergründe: 1 – regionaler geochemischer Untergrund; 2 – As–F(H_2O)-spezialisierter lokaler geochemischer Untergrund; 3 – As–Y–Rb–Be-spezialisierter lokaler geochemischer Untergrund; 4 – Cr–V-spezialisierter lokaler geochemischer Untergrund
Geochemische Anomalien: Co–Mn = namengebende Elementassoziation; 5 – mineralisationsbedingte, 6 – gesteinsbedingte, 7 – milieubedingte, 8 – technogen bedingte

weiterführende Überlegungen (z. B. petrographische Zuordnungen) anzustellen.
Ein immer durch den Bearbeiter zu lösendes Problem ist die Gliederung des Dendrogramms in eine Klassenstruktur, die der gestellten geochemischen Aufgabe und den Interpretationsmöglichkeiten entspricht. Durch Auswahl von lokalen Fusionsniveaus im Dendrogramm kann erreicht werden, daß allen Anomalien ein einziger Untergrund gegenübersteht. Analog ist es möglich, auf tieferen Fusionsniveaus mehrere regionale und lokale Untergründe zu diskutieren. Zur Illustration zeigt Abb. 1 den Ausschnitt einer geologischen Karte (schematisiert) und Abb. 2 den entsprechenden Ausschnitt der errechneten Multielement-Karte mit differenzierten regionalen Multielement-Untergründen. Während im ersten Fall die geochemische Multielement-Karte eigentlich nur eine Karte der geochemischen Anomalien darstellt, repräsentiert die vorgestellte Karte (Abb. 2) eine komplexe geochemische Karte, in der die Multielement-Verteilung im exogenen geochemischen Feld charakterisiert wird.
Als besonders günstig hat es sich erwiesen, wenn zur Beschreibung und Interpretation des exogenen geochemischen Feldes und der in ihm stattfindenden Elementmigration bei der Anwendung multivariater Statistiken nicht nur die Spuren- und Nebenelemente der Bachsedimente herangezogen werden, sondern auch die am Oberflächenwasser bestimmten physikochemischen Merkmale wie pH-Wert und elektrische Leitfähigkeit.
Eine schwierige Aufgabe ist die Ermittlung der Anomalieursache bzw. der -ursachen (mineralisationsbedingt, lithologisch bedingt, milieubedingt, anthropogen bedingt), da, wie RENTZSCH, PILLATZKE u. a. (1983) und RENTZSCH, SCHULZE & BIRKE (1985) feststellten, in den meisten Fällen komplexe Ursachen vorliegen. Die Anomalieursachen werden durch eine Bewertung folgender Fakten ermittelt: Elementassoziation, Intensitäten der Kontrastvektoren, physikochemische Wasserparameter, Geländebeobachtungen (Art der Bodennutzung, anthropogene Beeinflussung), landschaftsgeochemische Zuordnung usw. In der Multielement-Karte

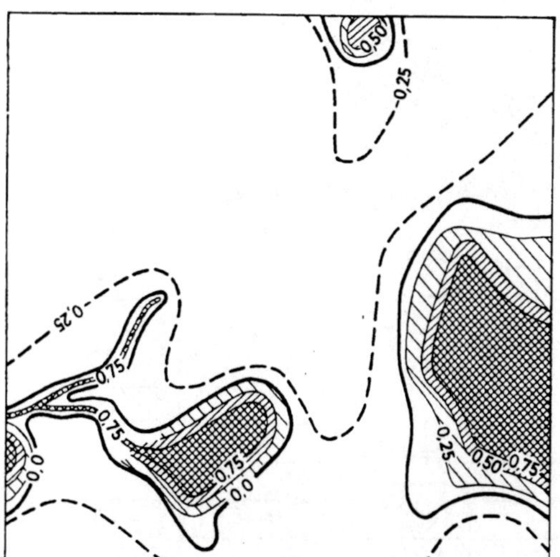

Abb. 3. Karte der Faktorwerte des Sr—Ba-Faktors
Faktorwerte: 1 – 0,25...0,50; 2 – 0,50...0,75; 3 – > 0,75

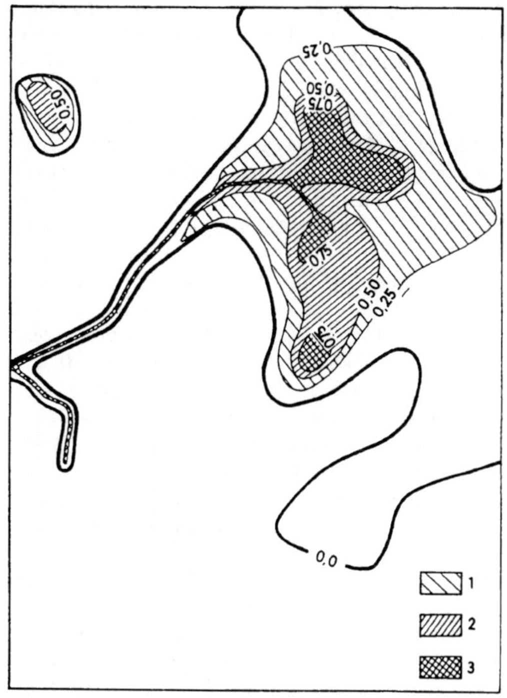

Abb. 4. Karte der Faktorwerte des Cu—Sn—Zn—Ni—Ag—Cr-Faktors
Faktorwerte: 1 – 0,25...0,50; 2 – 0,50...0,75; 3 – > 0,75

werden entweder die vorherrschende Ursache oder die komplexen Ursachen dargestellt.
Faktoranalyse und Clusteranalyse können „mit Gewinn" auf ein und dasselbe Datenmaterial angewendet werden, jede von ihnen liefert einen anderen Blickwinkel (LEBART, MORINEAU & FENELON 1984). Während mit Hilfe der Clusteranalyse mehr gehaltsdeterminierte Assoziationen ermittelt werden, liegt bei der Faktoranalyse der Schwerpunkt auf den korrelativen Beziehungen. Eine faktorielle Elementassoziation ist durch die Kombination der Elemente, die im betrachteten Faktor die höchsten Faktorladungen ($\geqq 0{,}5$) aufweisen, gegeben.
Im Unterschied zur Clusteranalyse mit ihrem diskreten Schollenmodell des geochemischen Feldes ergibt die Faktoranalyse in der kartenmäßigen Darstellung der Faktorwerte ein kontinuierliches Bild der Intensität der gegebenen Elementassoziation (des Faktors) in Isoliniendarstellung. Auf dieser Kartengrundlage kann die Abgrenzung der positiven und negativen Faktorwert-Anomalien vom Untergrund eines gegebenen Faktors durch Vorgabe eines positiven und negativen Schwellenwertes direkt vorgenommen werden. Da modellbedingt die Faktorwerte in N(0,1)-Verteilung vorliegen, ist der Untergrund eines Faktors mit Werten um Null vorgegeben, und die Anomalien aller Faktoren sind bezüglich der Faktorwerte direkt vergleichbar.
Die Abb. 3 und 4 zeigen für den Kartenausschnitt von Abb. 1 und 2 die Isolinienkarten des Sr—Ba-Faktors und des Cu—Sn—Zn—Ni—Ag—Cr-Faktors.
Clusteranalyse und Faktoranalyse betonen z. T. voneinander abweichende Eigenschaften des geochemischen Feldes. Technogene Dispersionsströme werden bei der Clusteranalyse z. B. auf Grund ihrer erhöhten Elementführung erkannt, aber auch gleichzeitig in Abschnitte (Klassen) unterschiedlicher Gehalte zerlegt. Die Faktoranalyse zeigt hier in stärkerer Bewertung der korrelativen Eigenschaften der technogen bedingten Elementassoziation den Dispersionsstrom als zusammenhängende Einheit und kann diesen weit in den clusteranalytischen Untergrund hinein verfolgen.

Bei orthogonalem Ansatz (Regelfall) sind die Faktoren modellbedingt nicht miteinander korreliert. Eine indirekte Korrelation ist aber häufig in bezug auf die Lokalisierung der Faktoranomalien in den als mineralisiert anzunehmenden Bereichen durch gemeinsames Auftreten ausgeprägt.
Die Herstellung einer synoptischen Faktorkarte über alle Faktoren, d. h. eine Rayonierung des Untersuchungsgebietes in Abhängigkeit von der jeweils typischen faktoriellen Elementassoziation, kann im einfachsten Fall dadurch gewonnen werden, daß jeder Probenpunkt dem Faktor zugeordnet wird, der hier den höchsten Faktorwert aufweist. Eine komplexere gemeinsame Auswertung ist durch Klassifizierung der Faktorwerte möglich. In beiden Fällen erhält man bei kartenmäßiger Darstellung ein Schollenmodell des geochemischen Feldes.

Zusammenfassung

Die Methoden der multivariaten Statistik ermöglichen die Ermittlung von Elementassoziationen und die kartenmäßige Darstellung ihrer geographischen Verteilung. Während mit Hilfe der Clusteranalyse gehaltsdeterminierte Assoziationen bestimmt werden, ermöglicht die Faktoranalyse die Ausgliederung primär korrelativ determinierter Elementassoziationen. Die clusteranalytisch ermittelten Multielement-Anomalien werden durch ihre mehrdimensionalen Kontraste zu den Klassen der ihnen entsprechenden regionalen bzw. lokalen geochemischen Multielement-Untergründe näher gekennzeichnet. Die Abgrenzung positiver und negativer Faktorwert-Anomalien vom Untergrund eines gegebenen Faktors wird analog der Anomalieabgrenzung bei Monoelement-Verteilungen durch Vorgabe eines Schwellenwertes durchgeführt. Es werden Kartenausschnitte vorgestellt, in denen mit der Clusteranalyse und der Faktoranalyse ermittelte spezifische lithogene, mineralisationsbedingte und technogene Multielement-Dispersionen im rezenten exogenen geochemischen Feld dargestellt sind.

Резюме

Методы мультивариантной статистики позволяют выявлять ассоциации элементов и составлять карты их географического распределения. В то время как с помощью кластерного анализа выявляются ассоциации, определенные по содержанию, факторный анализ позволяет выделять первично связанные элементные ассоциации. Выявленные с помощью кластерного анализа мультиэлементные аномалии более подробно охарактеризовываются посредством их многомерных контрастов по отношению к классам, соответствующих им региональных и локальных геохимических мультиэлементных фоновых значений. Разграничение положительных и отрицательных аномалий факторных значений от фоновых величин соответствующего фактора проводится аналогично разграничению аномалий при микроэлементном распределении посредством выбора граничного значения. В работе представлены вырезки карт, на которых представлены определенные с помощью кластерного и факторного анализов специфические мултиэлементные дисперсии современного экзогенного геохимического поля, обусловленные литогенными, минерализационными и техногенными факторами.

Summary

The methods of the multivariat statistics allow to determine element associations and the illustration of their geographical distribution on maps. With the help of the "Cluster-analysis" there are determined content-determinated associations, whereas the factor-analysis allows to select primary correlatively determined element associations.
The "Cluster"-analytical ascertained multielement anomalies are characterized by their multidimensional contrasts to the classes of the appropriate regional, respectively, local geochemical multielement undergrounds. The positive and negative factor-data anomalies are demarcated from the underground analogous to the anomaly demarcation by monoelement distribution stating a threshold.
Parts of maps are presented showing specifical lithogenetic, technogenetic multielement dispersions and such depending on mineralizations in the recent exogenous geochemical field, which were found out by "Cluster"- and factor-analysis.

Literatur

BARNET, I.; ĎURIŠ, M.; MRŇA, F.: Geochemiká prospekce rečištnich sedimentu v Českem masivu. Studie 1-86 ČSAV. – Praha: Academia 1986

FAUTH, H.; HINDEL, R.; SIEVERS, U.; ZINNER, J.: Geochemischer Atlas Bundesrepublik Deutschland 1:2000000. – Hannover: BRG 1985

HOWARTH, R. J.; GARRETT, R. G.: The Role of Computing in Applied Geochemistry. Applied Geochemistry in the 1980s. – London: Graham & Trotman 1986. S. 163–184

LEBART, L.; MORINEAU, A.; FENELON, J.-P.: Statistische Datenanalyse. Methoden und Programme. – Berlin: Akademie-Verlag 1984

MUCHA, H.-J.: CLUSTER User's Manual. – Berlin: Institut für Mathematik der Akad. Wiss. DDR 1983, unveröff. (frei für Lit.-Tausch)

RENTZSCH, J.; PILLATZKE, L.; SCHULZE, W.; BIRKE, M.: Der Anomaliebegriff in der geochemischen Prospektion. – Z. angew. Geol., Berlin **29** (1983) 10, S. 509 bis 512

RENTZSCH, J.; SCHULZE, W.; BIRKE, M.: Geochemische Prospektion in anthropogen beeinflußten Gebieten. – Z. angew. Geol., Berlin **31** (1985) 12, S. 290–295

ROGERS, P. J.; BONHAM-CARTER, G. F.; ELLWOOD, D. J.: Anomaly Enhancement by Use of Catchment Basin Analysis on Surficial Geochemical Data from the Cobequid Highlands, Nova Scotia. Prospecting in Areas of Glaciated Terrain 1986. – London: Institution of Mining and Metallurgy 1986

THALMANN, F.: Geochemischer Atlas der Republik Österreich 1:1000000 (Böhmische Masse und Zentralzone der Ostalpen). – Wien: Geologische Bundesanstalt 1984

THIERGÄRTNER, H.; RENTZSCH, J.; PILLATZKE, J.: Zur computergestützten Analyse geochemischer Felder. – Z. angew. Geol., Berlin **30** (1984) 4, S. 194–199

WEBB, J. S.; THORNTON, J. u. a.: The Wolfson Geochemical Atlas of England and Wales. – Oxford: Oxford University Press 1978

WILHELM, E.; ZEEGERS, H.: La prospection geochimique au BRGM. Techniques opérationelles et recherches méthodologiques. – Geol. Jb., **A 75**, Hannover (1984) S. 49–75

XIE XUEJING (Hrsg.): Provisional Geochemical Atlas of Northwestern Jiangxi. – Beijing: Geological Publishing House 1985

XIE, X.; YAN, M.; LI, L.; SHEN, H.: Usable Values for Chinese Standard Reference Samples of Stream Sediments, Soils and Rocks: GSD-9–12, GSS 1–8 and GSR 1–6. – Geostandards Newsletter, Vandoevre-les-Nancy: **9** (1985) 2, S. 277–280

Vergleich der Ergebnisse von Faktoranalyse und Mehrfachkorrelation nach BURKOV bei der geochemischen Auswertung von Erkundungsbohrungen

BERND ZERNKE, THOMAS HERTWIG, Freiberg

Mitteilung aus dem VEB Geologische Forschung und Erkundung Freiberg

Einleitung

Die Bestimmung von Elementassoziationen ist ein wichtiges Problem in der geochemischen Auswertepraxis, zu dessen Lösung unterschiedliche mathematisch-statistische Methoden herangezogen werden. Oft erfordern diese aber einen großen rechentechnischen Aufwand (z. B. Faktoranalyse). Die Mehrfachkorrelation nach BURKOV (nachfolgend als Mehrfachkorrelation bezeichnet) ist eine relativ einfach zu handhabende Methode zur Bestimmung von Elementassoziationen, der in der deutschsprachigen Literatur bisher kaum Beachtung geschenkt wurde (THIERGÄRTNER, RENTZSCH & PILLATZKE 1984).
Anhand konkreter Beispiele sollen Durchführung und Interpretation der Mehrfachkorrelation demonstriert sowie ihre Ergebnisse mit denen der Faktoranalyse verglichen werden. Dieser Beitrag soll zeigen, daß die Mehrfachkorrelation, obwohl es für sie noch keine exakte mathematische Ableitung gibt, Ergebnisse liefert, die gut mit den Resultaten der Faktoranalyse übereinstimmen.
Zur Anwendung der Faktoranalyse für o. g. Ziele gibt es ausreichend Literatur (TRIPATH 1972; RÖLLIG & STRAACH 1973; WEBER 1974), so daß an dieser Stelle nicht näher darauf eingegangen wird.

Eingang des Manuskripts in der Redaktion: 8. 9. 1987

Verwendetes Datenmaterial

In allen dargelegten Beispielen wurden Spektralanalysenergebnisse von Sammelsplitterproben aus Bohrungen der Zinn- und Spaterkundung verwendet. Die Beprobungsintervalle schwanken zwischen 2 und 10 m. Auf Grund unterschiedlicher Aufgaben wurden z. T. verschiedene Elementspektren analysiert. Die Berechnung der Faktoranalysen und Mehrfachkorrelationen erfolgte für ausgewählte Anomaliebereiche, bestimmte Struktureinheiten sowie verschiedene Mineralisationsbereiche. Auf nähere Angaben zur Herkunft der Proben wird hier verzichtet, da dies für die Erläuterung der Mehrfachkorrelation als Methode zur Bestimmung von Elementassoziationen ohne Bedeutung ist.

Methode der Mehrfachkorrelation

Die Grundlage für eine Berechnung der Mehrfachkorrelation ist die Matrix der linearen binären Korrelationskoeffizienten, die nach den üblichen Formeln (SCHROLL 1975) ermittelt werden. Nach BURKOV (BURKOV 1977; SMEISLOV, RUDNIK u. a. 1979) werden oft Elementpaare, die untereinander negativ korrelieren, in ein und demselben Mineral (besonders in isomorphen Reihen), genetisch einphasigen Erzkörpern usw. angetroffen. Betrachtet man die Korrelationsbeziehungen jedes Elementes eines solchen Paares zu anderen im entsprechenden Mineral bzw. Erzkörper vorkommenden Elementen, ist festzustellen, daß sich beide Elemente in der Regel analog verhalten (z. B. korrelieren beide positiv mit einem dritten Element und negativ mit einem vierten). Daraus schließt BURKOV, daß solche Elementpaare (obwohl sie untereinander negativ korrelieren), gemeinsam mit den Elementen, zu denen beide positive Korrelationsbeziehungen haben, ein und derselben Assoziation zuzuordnen sind. Auch treten Fälle auf, wo positiv korrelierende Elemente verschiedenen Assoziationen zugeordnet werden müssen. Somit kommt BURKOV (SMEISLOV, RUDNIK u. a. 1979) zu dem Schluß, daß eine begründete Ableitung von Elementassoziationen nur dann möglich ist, wenn sowohl die binären Korrelationskoeffizienten zwischen den einzelnen Elementen als auch die Beziehungen jedes Elementpaares zu allen anderen Elementen berücksichtigt werden.
Diese Aufgabe wird dadurch gelöst, daß aus den binären Korrelationskoeffizienten durch zeilenweise Korrelation der entsprechenden Matrix neue, sogenannte „Paarkorrelationskoeffizienten" (BURKOV 1977, S. 185; SMEISLOV, RUDNIK u. a. 1979) berechnet werden. Man nimmt an, daß diese neuen Koeffizienten quantitativ die Beziehungen zweier Elemente zu allen anderen sowie ihre Zuordnung zu einer oder verschiedenen Elementassoziationen widerspiegeln. Verhält sich ein Elementpaar analog zu anderen Elementen (Zugehörigkeit zu einer Assoziation), so erhöht sich ihr „Paarkorrelationskoeffizient" gegenüber dem binären, anderenfalls verringert er sich. Diese Korrelation wird so lange wiederholt (eine Wiederholung $\triangleq$ einem Durchlauf), bis alle Koeffizienten den Wert 1,00 bzw. —1,00 angenommen haben. Somit sind im Ergebnis alle Elemente zwei antagonistischen Assoziationen zugeordnet.

Interpretation der Mehrfachkorrelation

Nachfolgend soll die Interpretation und graphische Darstellung einer Mehrfachkorrelation an einem konkreten Beispiel erläutert werden. Mit einem entsprechenden Programm werden auf einem Büro- oder Personalcomputer die erforderlichen Korrelationsmatrizen (Abb. 1 u. 2) berechnet. Abb. 2 macht deutlich, daß diese Matrizen als Ergebnisdokumentation recht unübersichtlich sind. Wesentlich anschaulicher sind entsprechende Dendrogramme (Abb. 3), die folgendermaßen konstruiert werden. In Abb. 2 werden zunächst alle Koeffizienten, die im ersten Durchlauf gleich 1,00 sind (Ag—Cu), gekennzeichnet und im Dendrogramm (Abb. 3) entsprechend eingetragen. Um die weitere Interpretation übersichtlicher zu gestalten, werden diese Koeffizienten in allen weiteren Durchläufen besonders gekennzeichnet (Abb. 2). Danach wiederholt sich diese Prozedur für jeden weiteren Durchlauf. Im Ergebnis des zweiten Durchlaufs können Wismut und Niob der Assoziation Ag—Cu zugeordnet werden, da alle ihre „Paarkorrelationskoeffizienten" 1,00 betragen. Blei weist dagegen nur mit Silber und Kupfer Koeffizienten von 1,00 auf, während diese mit Wismut und Niob erst im dritten Durchlauf erreicht werden. Dadurch nimmt Blei eine gewisse Sonderstellung ein, die, falls erforderlich, durch eine Eintragung im Dendrogramm bei 2,5 dokumentiert werden kann. In unserem Beispiel wurde aber darauf verzichtet. Bereits im dritten Durchlauf lassen sich alle Elemente einer der beiden Assoziationen zuordnen.
Je mehr Durchläufe bis zum Erhalt der Korrelationskoeffizienten (1,00) erforderlich sind, desto schwächer sind die Beziehungen zwischen den Elementen. In den meisten Fällen werden dazu 5 bis 6 Durchläufe benötigt. Nach unseren Erfahrungen sind Koeffizienten, die nach 7 bis 8 Durchläufen noch nicht 1,00 bzw. —1,00 geworden sind, nicht genetisch interpretierbar. Sie sind lediglich rechnerisch bedingt. Treten solche Fälle auf, so sollte man die Homogenität der verwendeten Probenserie untersuchen.
Ein Blick auf die Korrelationsmatrix des dritten Durchlaufes (Abb. 2) macht deutlich, daß alle „Paarkorrelationskoeffizienten", die Elemente aus beiden im Dendrogramm (Abb. 3) dargestellten Elementassoziationen verknüpfen, den Wert —1,00 besitzen. Darum brauchen die negativen Werte bei der Interpretation nicht berücksichtigt zu werden.
Das so konstruierte Dendrogramm ist sehr anschaulich und gibt einen raschen Überblick über die vorliegenden Elementassoziationen. Die Stärke der Bindung einzelner Elemente aneinander ist gut ablesbar und entspricht den Anforderungen der Erkundung. An dieser Stelle sei ausdrücklich darauf hingewiesen, daß diese Dendrogramm-Darstellung nicht mit der bei der Clusteranalyse verwendeten identisch ist.

Vergleich der Ergebnisse der Mehrfachkorrelation und der Faktoranalyse

Beide Methoden haben eine Merkmalsklassifizierung zum Ziel. Um ihre Ergebnisse miteinander vergleichen zu können, wurden sie parallel für die entsprechenden Probenkollektive angewandt. Die Ergebnisse wurden gemäß Abb. 3 dargestellt, wobei die Darstellung der Ergebnisse der Faktoranalyse Empfehlungen sowjetischer Autoren (PITULKO, REZNIKOV & UL'JANOV 1985) entspricht. Die Elemente sind jeweils nach fallender Faktorladung geordnet, wobei mit dem entsprechenden Faktor negativ verbundene Elemente als Nenner dargestellt werden.

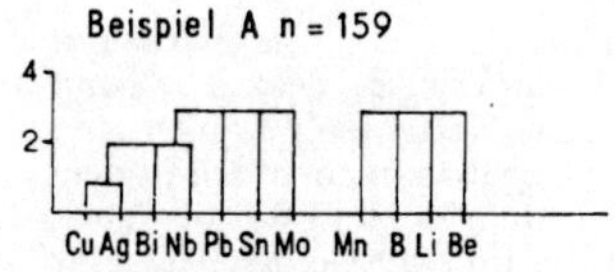

1.[1)] 70[2)] Nb_{90} Bi_{61} Ag_{47} Cu_{31} [3)]

2. 20 Cu_{90} Ag_{73} Pb_{53} Bi_{33}

3. 10 Mn_{67} B_{34} Li_{31}

Abb. 3. Graphische Darstellung des Ergebnisses einer Mehrfachkorrelation als Dendrogramm und Vergleich mit den Ergebnissen der Faktoranalyse

1. Nummer des Faktors (erfolgt fortlaufend nach fallendem Eigenwert);
2. Eigenwert des Faktors in %;
3. Faktorladung des jeweiligen Elementes multipliziert mit 100;
n — Anzahl der berechneten Proben

	Ag	B	Be	Bi	Cu	Li	Mn	Mo	Nb	Pb	Sn
Ag	1,00										
B	−0,01	1,00									
Be	**−0,31**	0,02	1,00								
Bi	**0,57**	−0,08	**−0,24**	1,00							
Cu	**0,77**	−0,08	**−0,31**	**0,52**	1,00						
Li	**−0,30**	*0,19*	*0,17*	−0,11	**−0,32**	1,00					
Mn	0,08	**0,22**	*0,18*	−0,03	−0,09	*0,17*	1,00				
Mo	**0,26**	−0,11	*−0,16*	**0,22**	*0,19*	0,00	0,07	1,00			
Nb	**0,50**	0,09	**−0,31**	**0,62**	**0,38**	−0,10	0,09	**0,23**	1,00		
Pb	**0,47**	−0,12	**−0,23**	**0,28**	**0,64**	**−0,20**	*−0,18*	*0,16*	**0,30**	1,00	
Sn	**0,29**	−0,07	**−0,22**	0,15	**0,31**	**−0,29**	0,02	**0,22**	**0,26**	*0,17*	1,00

Abb. 1. Korrelationsmatrix von Beispiel A, Probenanzahl 159

0,26 – signifikante Korrelation (α 0,01); *0,19* – signifikante Korrelation (α 0,05)

1. Durchlauf

	Ag	B	Be	Bi	Cu	Li	Mn	Mo	Nb	Pb	Sn
Ag	1,00										
B	−0,41	1,00									
Be	−0,79	0,19	1,00								
Bi	0,83	−0,44	−0,72	1,00							
Cu	**1,00**	−0,48	−0,76	0,78	1,00						
Li	−0,79	0,40	0,51	−0,58	−0,80	1,00					
Mn	−0,40	0,36	0,38	−0,44	−0,55	0,36	1,00				
Mo	0,37	−0,47	−0,49	0,35	0,32	−0,30	−0,22	1,00			
Nb	0,77	−0,25	−0,79	0,86	0,68	−0,56	−0,34	0,34	1,00		
Pb	0,78	−0,50	−0,67	0,61	0,89	−0,68	−0,64	0,27	0,55	1,00	
Sn	0,54	−0,39	−0,59	0,37	0,55	−0,72	−0,31	0,38	0,46	0,42	1,00

2. Durchlauf

	Ag	B	Be	Bi	Cu	Li	Mn	Mo	Nb	Pb	Sn
Ag	1,00										
B	−0,83	1,00									
Be	−1,00	0,77	1,00								
Bi	**1,00**	−0,83	−1,00	1,00							
Cu	*1,00*	−0,85	−1,00	**1,00**	1,00						
Li	−1,00	0,84	0,92	−0,93	−1,00	1,00					
Mn	−0,88	0,82	0,86	−0,87	−0,91	0,85	1,00				
Mo	0,77	−0,84	−0,81	0,78	0,76	−0,76	−0,71	1,00			
Nb	**1,00**	−0,77	−1,00	**1,00**	**1,00**	−0,92	−0,83	0,77	1,00		
Pb	**1,00**	−0,86	−0,94	0,95	**1,00**	−1,00	−0,94	0,75	0,92	1,00	
Sn	0,91	−0,82	−0,91	0,86	0,91	−1,00	−0,80	0,81	0,88	0,88	1,00

3. Durchlauf

	Ag	B	Be	Bi	Cu	Li	Mn	Mo	Nb	Pb	Sn
Ag	1,00										
B	−1,00	1,00									
Be	−1,00	**1,00**	1,00								
Bi	*1,00*	−1,00	−1,00	1,00							
Cu	*1,00*	−1,00	−1,00	*1,00*	1,00						
Li	−1,00	**1,00**	**1,00**	−1,00	−1,00	1,00					
Mn	−1,00	**1,00**	**1,00**	−1,00	−1,00	**1,00**	1,00				
Mo	**1,00**	−1,00	−1,00	**1,00**	**1,00**	−1,00	−1,00	1,00			
Nb	*1,00*	−1,00	−1,00	*1,00*	*1,00*	−1,00	−1,00	**1,00**	1,00		
Pb	*1,00*	−1,00	−1,00	**1,00**	*1,00*	−1,00	−1,00	**1,00**	**1,00**	1,00	
Sn	**1,00**	−1,00	−1,00	**1,00**	**1,00**	−1,00	−1,00	**1,00**	**1,00**	**1,00**	1,00

Abb. 2. Mehrfachkorrelation nach BURKOV von Beispiel A

1,00 – Korrelationskoeffizient nimmt zum ersten Mal den Wert 1,00 an; *1,00* – Korrelationskoeffizient nahm bereits in einem der vorhergehenden Durchläufe den Wert 1,00 an

Tab. 1. Zusammenstellung einiger Charakteristika der Faktoren und Mehrfachkorrelationen anhand von Beispielen aus der Zinnerkundung

Merkmale je Faktor	Nummer des Beispiels												
	I	II	III	IV	V	VI	VII	VIII	IX	X	XI	XII	A
Eigenwert	42	34	47	50	54	53	67	61	45	65	55	48	70
Faktorladung*)	75	80	85	90	80	95	65	85	85	85	95	80	90
a. D.	2–3	3	2	1	2–3	2	2–3	2	3	2–3	1–4	2–8	1–2
r. D.	1	1	1	1	1–2	1	3	1	3–4	1	1	3	1
Eigenwert	32	30	27	21	21	19	19	26	29	22	16	35	20
Faktorladung	90	55	65	55	60	80	80	70	75	45	65	70	80
a. D.	3	4	3	2	2–3	2–3	1–2	2–3	2–3	3	2–6	2–6	1–3
r. D.	2	2	2	2	1–2	2	1	3	1–2	2	4	2	2–3
Eigenwert	16	16	15	18	16	17	14	13	17	13	11	17	10
Faktorladung	70	70	60	55	55	70	55	85	70	45	60	75	65
a. D.	4	5	5	?	?	2–3	2	2–3	3	3	3	2	3
r. D.	3	4	–	?	?	–	2	–	3–4	–	2	1	2–3
Eigenwert		12		11	9								
Faktorladung		45		50	40								
a. D.		4–5		2–6	2–3								
r. D.		3		–	2								
Eigenwert		8											
Faktorladung		55											
a. D.		4–6											
r. D.		5											

*) – Durchschnittswert der bzw. des den Faktor hauptsächlich bestimmenden Elemente(s); ? – Faktor beinhaltet Elemente, die nach der Mehrfachkorrelation zwei antagonistischen Assoziationen angehören; – – Faktor beinhaltet Elemente mit positiver und negativer Faktorladung; a. D. – absolute Anzahl der Durchläufe, die die Elemente vereinigen, die nach dem entsprechenden Faktor zusammengehören; r. D. – relative Reihenfolge, in der sich die Elemente nach der Mehrfachkorrelation zu den entsprechenden Faktoren analogen Assoziationen vereinigen

Tab. 2. Zusammenstellung einiger Charakteristika der Faktoren und Mehrfachkorrelationen anhand von Beispielen aus der Spaterkundung

Merkmale je Faktor	Nummer des Beispiels										
	XIII	XIV	XV	XVI	XVII	XVIII	XIX	XX	XXI	XXII	⌀
Eigenwert	30	35	48	57	34	32	43	52	56	40	43
Faktorladung	90	90	90	85	80	90	90	90	85	90	88
a. D.	2–3	3–7	1–2	1–4	2–4	2	1–3	2–3	1–3	1–3	2,5
r. D.	1	4	1	4	2	1	1	1–2	3	1	2,0
Eigenwert	21	19	23	15	30	24	20	15	16	23	21
Faktorladung	90	90	80	80	65	85	60	75	90	70	79
a. D.	1–6	5	2–3	2	2–8	?	3–5	3	1–2	2–5	3,3
r. D.	3	1	2–3	1	3	?	4	3–4	1	2	2,3
Eigenwert	14	17	10	8	11	14	12	13	13	11	12
Faktorladung	80	45	65	65	70	85	55	80	75	60	68
a. D.	3	6	2–3	4	4–8	1–5	?	3	2	?	3,8
r. D.	2	2–3	2–3	5	4	4	?	3–4	2	?	3,2
Eigenwert	12	9	8	7	9	11	8	8	6	9	9
Faktorladung	85	65	65	70	75	95	35	60	60	80	69
a. D.	?	7	3	3	?	4	2	2–4	2–4	?	3,6
r. D.	?	5–7	3	2–3	?	2–3	2	5	4	?	3,6
Eigenwert	8	9	5	6	6	8	6	6	5		7
Faktorladung	60	60	60	70	75	65	30	75	55		61
a. D.	6–8	7	2–4	3	3	?	3	2–3	?		4,1
r. D.	4	5–7	5	2–3	1	?	3	1–2	?		3,3
Eigenwert		5				4		3			4
Faktorladung		60				65		65			63
a. D.		7				?		3–4			5,2
r. D.		5–7				?		6			6,0
Eigenwert		4				4					4
Faktorladung		50				80					65
a. D.		6				4					5,0
r. D.		2–3				2–3					2,5

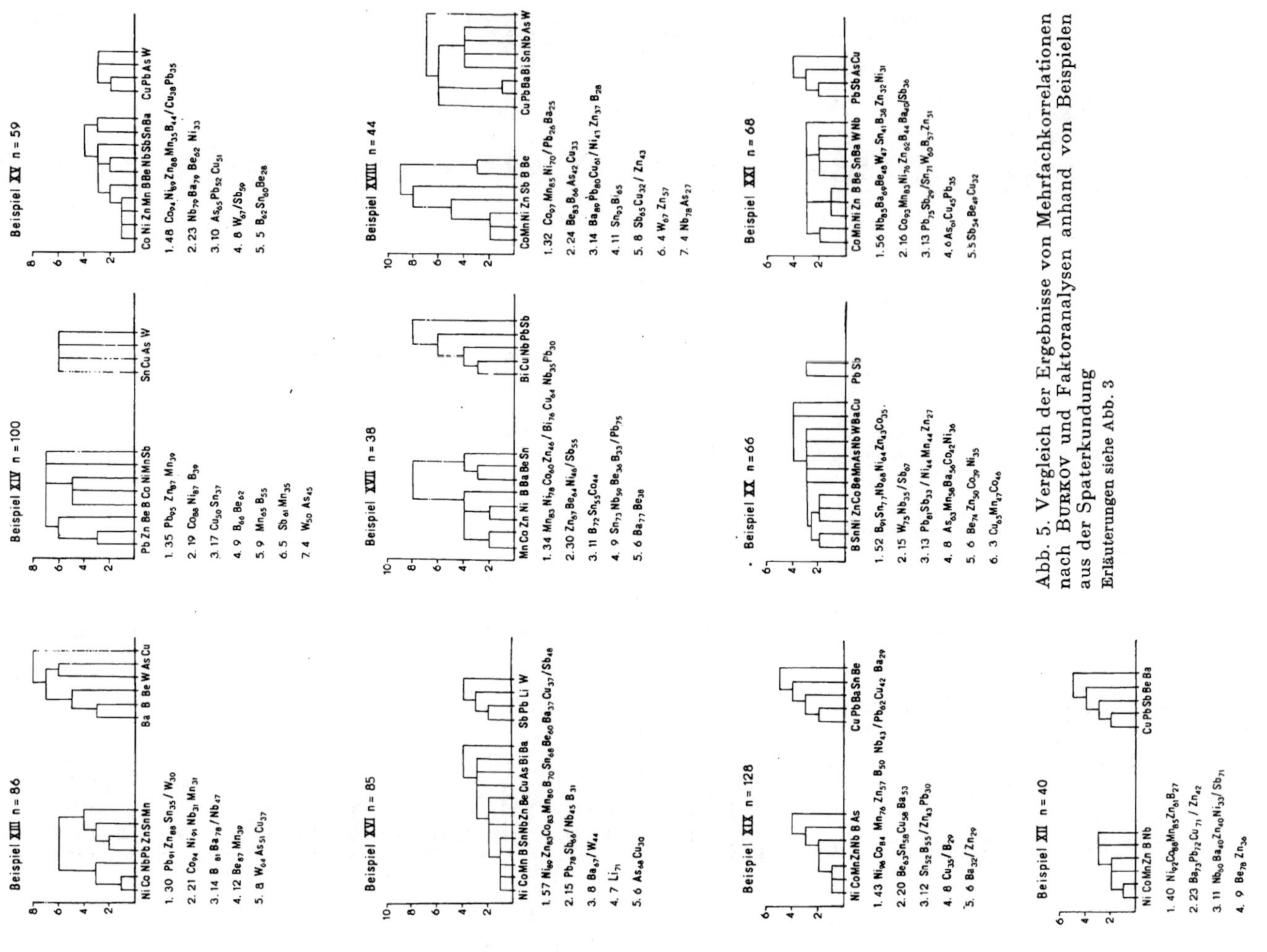

Abb. 5. Vergleich der Ergebnisse von Mehrfachkorrelationen nach BURKOV und Faktoranalysen anhand von Beispielen aus der Spaterkundung
Erläuterungen siehe Abb. 3

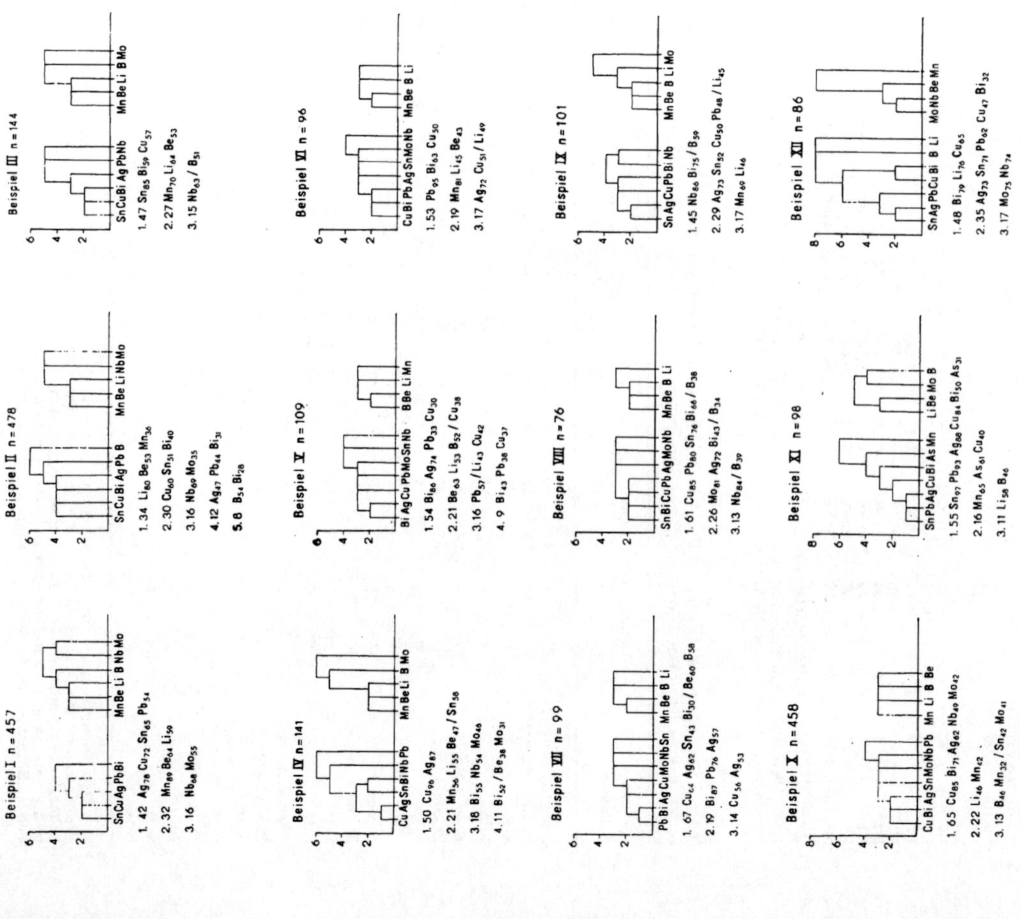

Abb. 4. Vergleich der Ergebnisse von Mehrfachkorrelationen nach BURKOV und Faktoranalysen anhand von Beispielen aus der Zinnerkundung
Erläuterungen siehe Abb. 3

Der nachfolgend durchgeführte Vergleich soll anhand von Beispiel A (Abb. 3) erläutert werden. Die Faktoranalyse liefert in diesem Fall drei Faktoren, wobei Cu, Ag und Bi sowohl im Faktor 1 als auch im Faktor 2 enthalten sind. Diese Elemente gehören auch nach der Mehrfachkorrelation einer Assoziation an, wobei Pb stärker an Cu, Ag, Bi und Nb als an Sn und Mo gebunden ist (vgl. oben). Der Faktor 3 stimmt mit Ausnahme des Fehlens von Be voll mit der zweiten Assoziation überein.

Um einen quantitativen Vergleich zu ermöglichen, sind die wesentlichsten Charakteristika sowohl der Faktoren (Eigenwert, Faktorladungen) als auch der Mehrfachkorrelation in Tab. 1 zusammengefaßt. Als Faktorladung wird in Tab. 1 jeweils der Durchschnittswert der den Faktor hauptsächlich bestimmenden Elemente angegeben. Hat ein Element in einem Faktor eine wesentlich höhere Faktorladung als alle anderen, so wird diese als Faktorladung in Tab. 1 angegeben. Im Beispiel A trifft das im Faktor 1 auf Nb und im Faktor 3 auf Mn zu, während der Faktor 2 im wesentlichen durch Cu und Pb (Durchschnitt 80) bestimmt wird. Zur quantitativen Charakteristik der Mehrfachkorrelation wird zum einen die absolute Anzahl der Durchläufe (a. D. in Tab. 1), die notwendig ist, um den jeweiligen Faktor darzustellen und zum anderen die relative Reihenfolge (r. D. in Tab. 1), in der sich die Elemente zu den entsprechenden Assoziationen vereinigen, angegeben. In unserem Beispiel sind zur Darstellung des Faktors 1 ein bis zwei Durchläufe erforderlich (a. D. = 1—2). Diese Assoziation ist somit die erste, die sich in dieser Mehrfachkorrelation vereinigt (r. D. = 1). Zur Darstellung des Faktors 2 sind ein bis drei Durchläufe erforderlich (a. D. = 1—3), und da der Faktor 3 auch im dritten Durchlauf (a. D. = 3) dargestellt wird, vereinigen sich diese Assoziationen als zweite oder dritte (r. D. = 2—3). Nach diesem Schema sind in Abb. 4 u. 5 weitere Beispiele angeführt. Ihre Charakteristika sind ebenfalls in Tab. 1 u. 2 zusammengefaßt.

Diskussion der Ergebnisse

Wie Abb. 4 u. 5 und Tab. 1 und 2 zeigen, weisen die Ergebnisse der Mehrfachkorrelation und der Faktoranalyse keine wesentlichen Unterschiede auf. Beide Methoden basieren auf der Korrelationsanalyse. Grundsätzlich kann festgestellt werden, daß mit sinkendem Eigenwert des Faktors und der Faktorladung der hauptsächlich den Faktor bestimmenden Elemente in der Mehrfachkorrelation die Anzahl der Durchläufe, die zur Vereinigung (Korrelationskoeffizient = 1) der entsprechenden Elemente führen, ansteigt (Tab. 3). Ausnahmen bilden meist Faktoren, die relativ viele Elemente (z. B. XII, VII je 6 und XXI 8 Elemente) beinhalten bzw. Fälle, wo ein Element in zwei Faktoren (z. B. Cu in Beispiel XII) auftritt. 11% (11 von 97, vgl. Tab. 1 u. 2) der untersuchten Faktoren beinhalten Elemente, die nach der Mehrfachkorrelation antagonistischen Assoziationen angehören (vgl. Abb. 4 u. 5). Hiervon fallen 54% (6 von 11) auf Beispiele mit relativ geringer Probenzahl (38 bis 44). In 4 von 11 Fällen betrifft das Elemente, deren Gehalte im Bereich der Nachweisgrenze der Spektralanalyse liegen (Nb, Sb).

Tab. 3. Zusammenfassung einiger durchschnittlicher Charakteristika der Faktoren und Mehrfachkorrelationen

Nummer des Faktors	⌀ Faktorladungen		⌀ Eigenwert		⌀ Anzahl der Durchläufe			
					Zinn		Spat	
	Zinn	Spat	Zinn	Spat	r. D.	a. D.	r. D.	a. D.
1	84	88	53	43	1,5	2,4	2,0	2,5
2	69	79	24	21	2,1	2,8	2,3	3,3
3	66	68	15	12	3,0	3,2	3,2	3,8
4	45	67	11	9	2,5	3,7	3,6	3,6
5	55	61	8	7	5,0	5,0	3,3	4,1
6	—	63	—	4	—	—	5,2	5,2
7	—	65	—	4	—	—	2,5	5,0

a. D., r. D. siehe Tab. 1

Innerhalb der Faktoren treten äußerst selten Elemente in zwei Faktoren in widersprüchlicher Position auf (nur Cu—Pb, Beispiel XII, Ba—Zn, Beispiel XXII). Das Beispiel XXII weist auch nur 40 Proben auf, so daß der Schluß nahe liegt, daß sichere Aussagen nur mit einer größeren Stichprobenzahl möglich sind. Andere Autoren fordern mindestens 10 Proben. Dies sollte unbedingt bei der geologischen Interpretation berücksichtigt werden, da oftmals zur Auswertung nur eine begrenzte Stichprobenzahl zur Verfügung steht. Treten im Ergebnis der Faktoranalyse mehr als vier Faktoren auf, so sind letztere oft nicht bzw. nur schwer geologisch interpretierbar (z. B. B—Bi-Beispiel II).

Ein Nachteil der Mehrfachkorrelation besteht darin, daß Aussagen nur für ein Probenkollektiv möglich sind. Wie stark diese oder jene Elementassoziation in einer konkreten Probe auftritt, kann nur durch die Berechnung von den Elementassoziationen entsprechenden Produkten bzw. Quotienten (in der Regel gehören Zähler und Nenner unterschiedlichen Assoziationen an) abgeschätzt werden. Die Faktoranalyse löst diese Aufgabe durch die Berechnung der Faktorwerte je Probe. Auch hierbei treten keine wesentlichen Widersprüche in den Ergebnissen beider Methoden auf. Während die Faktoranalyse in Abhängigkeit von der Veränderlichkeit der Elemente eine entsprechende Wichtung vornimmt, fehlt diese bei der Mehrfachkorrelation.

Die geologische Interpretation der Ergebnisse beider Methoden erfordert die Berücksichtigung aller verfügbaren Zusatzinformationen (geologische, mineralogische, absolute Elementgehalte). So konnten z. B. die Elementassoziationen im Beispiel A als angereicherte (Cu—Ag—Bi—Nb—Pb—Sn—Mo-) und ausgelaugte (Mn—B—Li—Be-)Assoziationen interpretiert werden. Die Faktoren 1 und 2, die nach der Mehrfachkorrelation nicht ableitbar sind, könnten als zwei Erztypen angesehen werden. Die Erfahrung zeigt, daß eine Vielzahl ähnlicher Faktoren, die ± dieselben Elemente beinhalten, sich mit Hilfe der Mehrfachkorrelation wesentlich leichter zu Gruppen zusammenfassen und interpretieren lassen.

Bei der geologischen Interpretation sollte man stets berücksichtigen, daß beide Methoden rein mathematisch- statistische Ergebnisse liefern, die zwar in der Regel geologisch gut interpretierbar sind, deren geologischer Sinn nicht in jedem Fall auf den ersten Blick erkennbar ist. Mitunter ergibt sich dieser erst durch weiterführende tiefergehende Untersuchungen bzw. Neuinterpretationen vorhandener Daten.

Zusammenfassung

Anhand von Beispielen aus der geologischen Praxis in der Erz- und Spaterkundung wird gezeigt, daß sich Elementassoziationen gleich gut mit Hilfe von Faktoranalysen oder Mehrfachkorrelationen nach BURKOV ableiten lassen. Die letztgenannte Methode entspricht den Anforderungen der geologischen Praxis und fand darum bereits Anwendung.

Резюме

На примерах из геологической практики разведки олова и барита было показано, что ассоциации элементов можно выявлять с одинаковым успехом как с помощью факторного анализа, так и многократной корреляции по Буркову. Второй метод соответствует требованиям геологической разведки и поэтому нашел широкое применение.

Summary

Various examples from geological praxis of exploration of ore and spar have been selected to show that associations of elements may be derived in the same quality by either factor analysis or multiple BURKOV-correlations. The second method meets the requirements of geological praxis and, therefore, has found wide application.

Literatur

BURKOV, J. K.: Mathematische Methoden des Studiums geochemischer Besonderheiten von sedimentären Bildungen. – Abh. zentr. geol. Inst., Berlin 39 (1977) S. 183–198

PITULKO, V. M.; REZNIKOV, I. M.; UL'JANOV, N. K.: Litochimičeskie metody s'emki i poiskov. – Leningrad: Izdat. Nedra 1985. S. 136

RÖLLIG, G.; STRAACH, P.: Zum Einsatz faktoranalytischer Methoden in der Geologie. – Z. angew. Geol., Berlin 19 (1973) 12, S. 600–609

SMEISLOV, A. A.; RUDNIK, V. A.; DINDOV, N. M.; PANAIOTOV, A. I.: Prinzipy i metodika geochimičeskich issledovanij pri prognozirovanii i poiskach rudnych mestoroždenij. – Leningrad: Izdat. Nedra 1979. S. 81–84

SCHROLL, E.: Analytische Geochemie. Bd. 1: Methodik. – Stuttgart: Ferdinand Enke Verlag 1975. S. 216–221

THIERGÄRTNER, H.; RENTZSCH, J.; PILLATZKE, L.: Zur computergestützten Analyse geochemischer Felder. – Z. angew. Geol., Berlin 30 (1984) 4, S. 194–199

TRIPATH, V. S.: Factor analysis in geochemical exploration. – J. geochem. Explor., Amsterdam 11 (1979) S. 263–275

WEBER, E.: Einführung in die Faktoranalyse. – Jena: VEB Gustav Fischer Verlag 1974

BAF-Kassiterit KC-1 – ein neues geochemisches Referenzmaterial

WERNER SCHRÖN, GERHARDT SANSONI, GISELA BOMBACH, HANS JÜRGEN RÖSLER, Freiberg; DZO YU HI, Berlin

Mitteilung Nr. 2237 der Sektion Geowissenschaften an der Bergakademie Freiberg

Geochemische Referenzmaterialien sind komplex untersuchte Proben natürlicher Minerale, Erze und Gesteine. Bei der Untersuchung der Haupt-, Neben- und Spurenkomponenten sowie weiterer substantieller Parameter kommen alle verfügbaren Methoden unter Einbeziehung möglichst zahlreicher renommierter Laboratorien zum Einsatz. Das homogene Material wird im allgemeinen analysenfein bereitgestellt. Der Vorrat variiert zwischen einigen Kilogramm und Tonnen.

Allein die Funktion dieser Proben bei der Kontrolle von Analysenverfahren zur Elementbestimmung im Haupt- bis Spurenelementbereich hat zu so wertvollen Erfahrungen hinsichtlich der Vergleichbarkeit von Daten im Weltmaßstab geführt, daß sich neue Maßstäbe zur Bewertung von Analysenverfahren entwickelt haben. Gegenwärtig ist erkennbar, daß der Fortschritt in der geochemischen Analytik unmittelbar mit der Qualität der geochemischen Referenzproben verbunden ist (GOVINDARAJU 1983). Die komplexe Erfassung der Elementgehalte und anderer substantieller geowissenschaftlicher Untersuchungsergebnisse führt bei dem Referenzprobenmaterial zu einer besonderen Vollständigkeit von Informationen über eine Probe und erschließt damit weitere Anwendungsmöglichkeiten in der Geochemie, Petrologie sowie Lagerstättenforschung. Aus dieser Sicht machen wissenschaftliche Forschungsarbeiten an der Sektion Geowissenschaften der Bergakademie Freiberg im Anschluß an die Bearbeitung der Referenzmaterialien Galenit GF-1, Sphalerit SF-1 und Pyrit PS-1 (SCHRÖN, RÖSLER u. a. 1975) eine entsprechende Kassiteritprobe erforderlich, über die hier berichtet wird. In Kürze schließt sich ein weiterer Bericht über zwei Braunkohleaschen-Referenzmaterialien BE-1 und BS-1 an (s. auch RÖSLER, BEUGE u. a. 1978).

Bei der Wahl des Fundpunktes für Kassiterit standen die Lagerstätten des Erzgebirges zur Auswahl. Wegen des gewünschten Spurenelementreichtums erschien das Material von Cinovec, ČSSR, besser geeignet als das von Ehrenfriedersdorf, Altenberg und Zinnwald.

Als Vorlaufmaterial diente ein an Feinkorn verarmtes, gravimetrisch erzeugtes Reichkonzentrat, aus dem Wolframit magnetisch abgereichert worden war. Unter Einhaltung der lagerstättenspezifischen Spurenelementparagenese war das Material auf > 90% Kassiterit anzureichern und aus diesem Grund im Lieferzustand stofflich zu analysieren, ehe weitere Aufbereitungsschritte festgelegt werden konnten.

Lagerstättenkundliche Charakteristik

Die Lagerstätte Cinovec wird seit dem 16. Jahrhundert mit Unterbrechungen auf verschiedene Wertkomponenten, insbesondere auf Zinn und Wolfram bebaut. Bis auf geringe Ausnahmen beschränkt sich der wirtschaftlich bedeutende Teil der Lagerstätte auf einen petrographisch sehr differenzierten Granitstock, der in den aus zwei Varietäten bestehenden Rhyolith von Teplice eindrang. Nach Form und Stoffbestand ist bei der Vererzung zwischen Gängen (gegenwärtig von untergeordneter Bedeutung) und metasomatischen Bildungen (Greisen) zu unterscheiden (OELSNER 1952; ŠTEMPROK 1960; BOLDUAN, LÄCHELT & MALASEK 1967; SCHRÖCKE 1973).

Wesentliche Gangarten der Gangvererzungen sind Quarz und Zinnwaldit sowie Topas (Pyknit), Fluorit und Tonminerale. Bei den Erzen dominieren Kassiterit, Wolframit und Scheelit, Sporadisch lassen sich neben Sulfiden mit Pb, Zn und Cu weitere Minerale mit As, Bi sowie sekundäre Bildungen nachweisen.

Unter den verschiedenen Greisenarten sind solche mit Quarz- bzw. Quarz-Glimmer-Vormacht die häufigsten. Ihr Artenreichtum an Glimmern ist bisweilen bedeutend. Die in den Gängen nachgewiesene Erzmineralparagenese ist mit Einschränkungen auf die Greisen übertragbar.

Bestimmend für die Wahl von Cinovec vor anderen Sn-Lagerstätten war das relativ gehäufte Auftreten seltener Elemente, bei denen neben Nb, Ta, As und Bi auch Cs, Zr, Sc und REE zu nennen sind.

Kassiterit-Reichkonzentrat und seine Aufbereitung

Mineralogische, chemische und aufbereitungstechnische Untersuchungen an einer unklassierten Teilprobe des Ausgangsmaterials (Kassiterit-Reichkonzentrat) sowie an Siebklassen einer Teilprobe führten zu dem in der Abbildung angeführten Stammbaum. Seine Konzeption basiert auf den Ergebnissen der im folgenden beschriebenen Untersuchungen.

Die Bestimmung des Mineralbestandes am Ausgangsmaterial ergab die in Tab. 1 ausgewiesenen Daten und deckt sich qualitativ mit den zitierten Literaturangaben. Gewisse quantitative Unterschiede sind technologischer Natur, entstanden durch die Sortierprozesse im Gewinnungsbetrieb.

Verwachsungen (bevorzugt im Bereich > 0,5 mm) und das breite Dichtespektrum verschiedener Phasen standen der Gewinnung reiner Fraktionen bei der mechanischen Phasenanalyse entgegen. Trotz dieser Einschränkung gelang eine aufgabengerechte Quantifizierung durch Ergänzung von chemischen und spektralanalytischen Untersuchungen (Tab. 2).

Ein wesentliches Anliegen der stofflichen Untersuchungen bestand im Nachweis der im Haufwerk vertretenen Minerale, von denen bestimmende Einflüsse auf die spezifische Spurenelementparagenese ausgehen. In diesem Sinne galt dem Auftreten des Kassiterits besonderes Augenmerk. Von ihm ließen sich durch Auslesen unter dem Stereomikroskop und durch magnetische Sortierung (Frantz Isodynamic-Separator) sechs farblich unterscheidbare Varietäten (weißgelblich, honigbraun, Kandis, verschiedenfarbig zonar bis fleckig, dunkelbraun,

Eingang des Manuskripts in der Redaktion: 10. 12. 1987

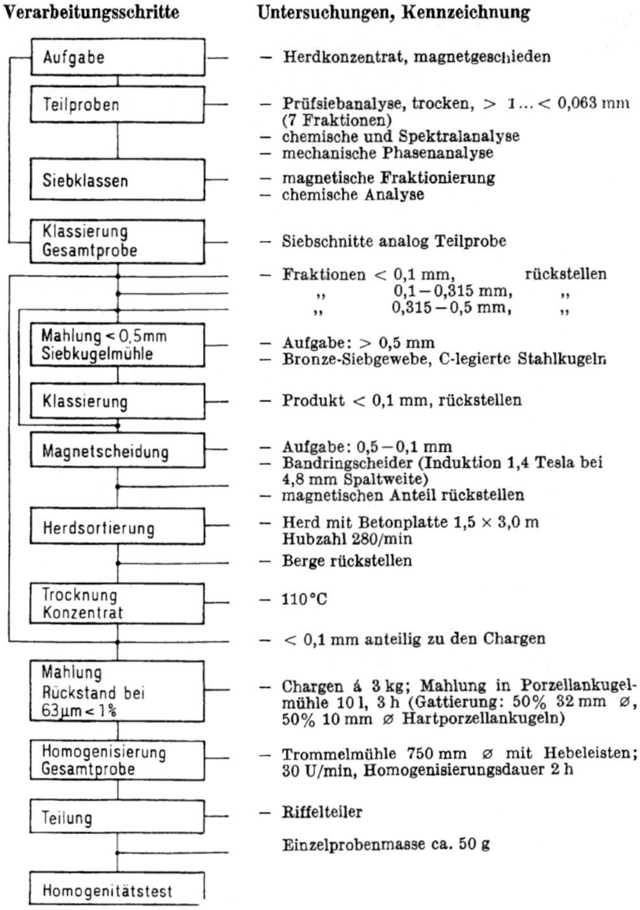

Abbildung. Stammbaum zur Gewinnung des Referenzmaterials BAF-Kassiterit KC-1

Tab. 1. Dichteaufbau und Mineralbestand des Ausgangsmaterials (unklassiert)

Dichtefraktionen[1]), **in g/cm³**							
< 2,96[2])		2,96–3,33[3])		3,33–3,8[4])		> 3,8	
2,7%		0,5%		1,7%		95,1%	
Mineralbestand, in %							
Quarz	60	Zinnwaldit	20	Topas	40	Kassiterit	> 80
Zinnwaldit	5	sonstige Glimmer	5	Verwachsungen	60	Wolframit	2
sonstige Glimmer	5	Fluorit	60			Scheelit	1
Feldspäte	10	Verwachsungen[5])	15			Galenit	5
Verwachsungen[5])	20					Sphalerit	1
						sonstige Sulfide	< 1
						Verwachsungen[6])	< 10

[1]) Sortierung mit Zentrifugen
[2]) Tetrabromethan
[3]) Dijodmethan
[4]) Clerici-Lösung
[5]) grob, zwischen Phasen < 3,33 g/cm³
[6]) grob, vorwiegend zwischen Phasen > 3,8 g/cm³

Tab. 2. Chemische Zusammensetzung des Ausgangsmaterials, in %[1])

Sn	64,13	F	0,33
Pb	3,75	Bi	0,34
WO_3	2,98	Ti	0,17
SiO_2	2,88	As	0,12
Al_2O_3	1,39	Nb	0,12
CaO	1,18	Sc	0,12
S	0,98	Ta	0,09
Fe	0,91	Ag	0,08
Cu	0,55	In	0,05
Zn	0,48	Zr	0,04
Mn	0,39	Mo	0,02

[1]) Angaben zur spektralanalytischen Methodik siehe SCHRÖN, KAISER & BOMBACH 1983

schwarz) und verschiedene Verwachsungen aushalten. Zwischen der Farbe bzw. dem magnetischen Verhalten und der Elementführung ergaben sich Korrelationen. Aus den Untersuchungen war abzuleiten, daß sich durch Nachmahlen der Fraktionen > 0,5 mm (s. Abbildung) nicht nur der Kassiteritaufschluß verbessert, sondern daß die anschließende Nachklassierung außerdem zu einem Sortiereffekt zugunsten des Kassiterits führt.

Der Mahlrückstand > 0,1 mm wurde deshalb mit der Fraktion 0,5—0,315 mm vereinigt und magnetisch getrennt. Mit dem unmagnetischen Austrag erfolgte eine Herdsortierung. In das schmal abgezogene Konzentrat gelangten neben dem Kassiterit spezifisch schwere Akzessorien (Sulfide u. a.) sowie Spuren von Verwachsungen.

Das Herdkonzentrat wurde schließlich chargenweise in einer Porzellankugelmühle (vgl. Abbildung) auf Rückstandskennwerte von < 1% bei 63 µm gemahlen. Aus der für alle Chargen resultierenden Mahldauer ergab sich ein Kugelabrieb von 80 g Hartporzellan pro t Konzentrat. Homogenisierung und Teilung der Probe erfolgten unter sorgfältiger Einhaltung einschlägiger Standards bzw. Erfahrungswerte für Proben mit hohen Merkmalszahlen.

Angaben zum Endprodukt BAF-Kassiterit KC-1

Zur Charakterisierung des Endproduktes der oben beschriebenen Aufbereitung sind neben dem Endhomogenitätstest und der Korngrößen-Verteilungsanalyse insbesondere komplexe chemische und mineralogische Untersuchungen auf möglichst zahlreiche Komponenten durchgeführt worden. Der Homogenitätstest mittels Röntgenfluoreszenzanalyse an 10 Stichproben mit den Elementen Pb, Zn, Cu und Fe führte zu den in Tab. 3 dargestellten Durchschnittswerten aus je 5 Einzelmessungen. Die verfahrensbedingten Streuungen der 5 Einzelwerte sind als Mittelwerte $\bar{x}$ in dieser Tabelle angegeben. Nur für Zn lag die Abweichung der Mittelwerte über der verfahrensbedingten Streuung. Mittels einfacher Varianzanalyse konnte Homogenität mit einem Aussagerisiko von 1% ermittelt werden.

Die Korngrößenverteilung wurde durch Siebanalyse und Sedimentationswaage nach SARTORIUS ermittelt und führte zu den Ergebnissen in Tab. 4.

Tab. 3. Ergebnisse des Homogenitätstests

Probe Nr.	relative Standardabweichung Pb	Zn	Cu	Fe
2	2,35	1,04	2,88	2,05
4	1,37	1,29	3,91	1,52
6	2,07	1,64	1,87	0,84
10	1,37	2,0	4,8	1,14
12	1,3	1,58	3,83	2,68
14	1,52	1,58	3,03	0,45
16	1,79	1,64	2,97	1,82
18	0,84	1,22	3,97	2,0
20	2,35	1,52	3,05	0,71
22	1,22	1,60	2,07	2,86
$\bar{x}$ der Stichproben	1,70	2,08	1,95	1,84

Tab. 4. Korngrößenverteilung des Referenzmaterials BAF-Kassiterit KC-1 (Sedimentationsmedium: Wasser)

Korngrößenklasse, in µm	Rückstand, in %	Klassenanteile in %
> 63	1	1
63–30	13,5	12,5
30–20	31	17,5
20–6,3	63,5	32,5
6,3–2	89,5	26
< 2	100	10,5

Tab. 5. Ergebnisse der Analysierung der geochemischen Referenzprobe BAF-Kassiterit KC-1

Element	Gehalt, in %	Analysenmethode
Ag	0,00029	AAS
	0,000085	AAS
	0,00020	AES
	0,00012	AES
	0,00020	MS
Al	0,29	AES
	0,120	MS
	0,26	RFA
As	0,0038	AAS
	< 0,0001	AAS
	0,0068	AES
	0,00453	INAA
	0,0060	MS
B	< 0,0003	AES
	0,00007	MS
Ba	0,0078	MS
Be	< 0,0003	AES
	0,0002	AES
Bi	0,0050	AAS
	0,0044	AAS
	0,0095	AES
	0,0064	AES
	0,0120	MS
	0,0037	P
Ca	0,0931	AAS
	0,0951	AAS
	0,1201	AES
	0,2601	MS
	0,2074	RFA
Cd	0,00014	AAS
Ce	0,0479	INAA
	0,0690	MS
Cl	0,0150	MS
Co	0,00031	AES
Cr	0,0010	AES
	< 0,0003	AES
	0,00045	MS
Cs	0,0180	INAA
Cu	0,0019	AAS
	0,0028	AAS
	0,0043	AES
	0,0050	AES
	0,0050	AES
	0,0024	MS
	0,0033	P
Dy	0,00164	INAA
Er	0,00089	INAA
Eu	0,00004	INAA
F	0,0938	ISE
	0,1400	T
Fe	0,1400	AAS
	0,1200	AAS
	0,2000	AES
	0,4000	AES
	0,4330	AES
	0,2200	MS
	0,0890	RFA
Ga	0,0008	AES
	0,0005	AES
	0,0004	MS
Gd	0,0024	INAA
Ge	< 0,0003	AES
Hf	0,0048	AES
	0,0120	INAA
	0,0210	MS
Ho	0,00035	INAA
In	0,00063	AES
	0,0010	AES
K	0,1300	MS
	0,0913	RFA
La	0,0171	INAA
	0,0250	MS
Li	< 0,0003	AES
Lu	0,000152	INAA
Mg	0,0090	MS
	0,1628	RFA
Mn	0,0120	AAS
	0,0150	AAS
	0,0200	AES
	0,0310	AES
	0,0170	AES
	0,0250	MS
Mo	0,0007	AES
	0,00133	INAA
	0,0006	MS
Na	0,0065	MS
Nb	0,0700	AES
	0,0570	AES
	0,0900	MS
Nd	0,0125	INAA
	0,0240	MS
Ni	0,0018	AAS
	< 0,0010	AAS
	0,0035	AES
	0,0009	AES
	0,0008	AES
	0,0027	RFA
Pb	0,0235	AAS
	0,0275	AAS
	0,0250	AES
	0,0310	AES
	0,0630	MS
	0,0210	P
P	0,0160	MS
	0,0358	RFA
Pr	0,0042	INAA
	0,0055	MS
Rb	0,0011	AAS
	0,0020	AES
	0,0011	MS
Sb	< 0,0001	AAS
	< 0,001	AES
	0,00056	INAA
	0,0006	MS
Sc	0,0010	AES
	0,0015	INAA
S	0,0064	C
	0,0023	MS
	0,0082	T
Sm	0,00238	INAA
Sn	74,83	T
	75,00	T
	70,15	T
	77,1	T
Sr	0,00042	AAS
	0,0008	MS
Si	0,5095	MS
	0,6491	RFA
Ta	< 0,010	AES
	0,0085	AES
	0,00499	INAA
	0,0120	MS
Tb	0,00024	INAA
Te	< 0,0003	MS
Th	0,0100	INAA
	0,0043	MS
Ti	0,5000	AES
	0,6290	AES
	0,6100	MS
	0,4280	P
	0,1244	RFA
Tl	0,0000047	AAS
Tm	0,0002	INAA
U	0,000625	INAA
V	0,0155	AES
	0,0100	AES
	0,0082	AES
	0,0120	MS
	0,0005	RFA
W	0,6250	AES
	0,4300	F
	0,3200	F
	0,2050	F
	0,2916	INAA
	0,4400	MS
Y	0,0055	AES
	0,0036	AES
	0,00983	INAA
	0,0090	MS
Yb	0,00093	INAA
Zn	0,0140	AAS
	0,0150	AES
	0,0048	AES
	0,0140	MS
Zr	0,4750	AES
	0,4000	F
	0,4300	RFA
	0,0368	RFA
	0,5200	MS

AAS – Atomabsorptionsspektrometrie
AES – Atomemissionsspektralanalyse
C – Coulumetrie
F – Photometrie
ISE – Ionensensitive Elektrode
MS – Massenspektrometrie
INAA – Neutronenaktivierungsnalalyse
P – Polarographie
RFA – Röntgenfluoreszenzanalyse
T – Titrimetrie

Zur Mitarbeit an der Analysierung des geochemischen Referenzmaterials konnten zahlreiche Laboratorien des In- und Auslandes gewonnen werden, wobei es gelang, unterschiedlichste Analysenverfahren einzubeziehen. Die Ergebnisse der Analysierung umfassen 62 Elemente, sie sind in Tab. 5 zusammengestellt. Angaben über die beteiligten Analytiker bzw. Laboratorien befinden sich am Ende des Beitrages. Wie die Tabelle zeigt, gelang die Herstellung eines spurenelementreichen Materials mit der genannten Zielstellung. Leider ist die Zahl der für die Kassiterit-Analyse prädestinierten Laboratorien relativ klein. Deshalb ist die Gesamtzahl der Analysenwerte für die Zertifizierung z. Z. noch unzureichend. Im Interesse der noch ausstehenden statistischen Betrachtungen sind die Autoren an Bereitschaftserklärungen zur Mitwirkung an der Ringanalyse sehr interessiert.

Die massenspektrometrische Sauerstoffisotopenanalyse ergab einen $\delta^{18}O_{SMOW}$-Wert von 3,3‰. Rückschlüsse auf den Mineralbestand konnten durch röntgenographische Untersuchungen

Tab. 6. Rechnerisch ermittelter Mineralbestand des Referenzmaterials BAF-Kassiterit KC-1, in %

Mineral	
Kassiterit	95,1
Rutil	0,85
Zirkon	0,8
Glimmer	0,8
Quarz	0,4
Topas	0,6
Wolframit	0,6
Scheelit	0,05
Fluorit	0,2
Galenit	0,03
Sphalerit	0,02

unter Berücksichtigung der chemischen Analysenergebnisse gezogen werden, sie sind in Tab. 6 aufgeführt.
Zusammenstellung der an der Analysierung beteiligten Institutionen und Analytiker:

- Dr. Barth, Forschungsinstitut für Nichteisenmetalle Freiberg des VEB Mansfeld Kombinat „Wilhelm Pieck"
- Dr. Dietze, Forschungsinstitut für Aufbereitung Freiberg der Akademie der Wissenschaften der DDR
- Dr. Gevorkjan, Vernadskij-Institut Jerevan, Akademie der Wissenschaften der UdSSR
- Dr. Heinrichs, Geochemisches Institut der Universität Göttingen
- Dr. Klemm, Sektion Geowissenschaften der Bergakademie Freiberg
- Dr. Luft, Sektion Metallurgie und Werkstofftechnik der Bergakademie Freiberg
- Dipl.-Min. Kawelke, Zentrallabor Freital des VEB Geologische Forschung und Erkundung Halle
- Dr. Loos, Zentralinstitut für Kernforschung Rossendorf, Akademie der Wissenschaften der DDR
- Reuther, Betrieb Zinnerz Ehrenfriedersdorf des VEB Bergbau- und Hüttenkombinat „Albert Funk"
- Scharf, Hütte Freiberg des VEB Bergbau- und Hüttenkombinat „Albert Funk"
- Dr. Stein, Zentraler Geologischer Betrieb Grüna der SDAG Wismut
- Dr. Zentai, Magyar Allami Földtani Intézet Budapest
- Bombach und Dr. Schrön, Sektion Geowissenschaften der Bergakademie Freiberg.

Die Autoren danken dem Werkdirektor des VEB Bergbau- und Hüttenkombinat „Albert Funk", Hütte Freiberg, für die Beschaffung des Ausgangsmaterials und für die Durchführung des Homogenitätstests sowie allen an der Ringanalyse beteiligten Analytikern.

Zusammenfassung

BAF-Kassiterit KC-1 ist ein neues geochemisches Referenzmaterial zur Spurenelementbestimmung. Das Material stammt von der Sn-Lagerstätte Cinovec (ČSSR), Erzgebirge. Die angewandte Aufbereitungstechnik führte zu einem Kassiteritgehalt von 95% im Endprodukt. Die Ergebnisse der Spurenelement-Bestimmungen umfassen 62 Elemente, wobei 15 Laboratorien mitwirkten.

Резюме

BAF Касситерит КС-I является новым геохимическим эталоном для определения элементов примесей. Использовался касситерит оловянного месторождения Циновец в Рудных горах (ЧССР). Примененная технология обогащения дала содержание касситерита в конечном продукте 95%. В результате определения элементов-примесей были выявлены 62 элемента, в разработке эталона участвовало 15 лабораторий.

Summary

BAF-cassiterite KC-1 is a new geochemical reference material for trace elements and some other elements. The material was collected in the Sn-deposit Cinovec (CSSR) in the Erzgebirge. The used preparation method (in the Bergakademie Freiberg, BAF) allows to produce a material with 95% cassiterite. The results of trace-element determination include values for 62 elements made by 15 laboratories.

Literatur

BOLDUAN, H.; LÄCHELT, A.; MALASEK, F.: Zur Geologie und Mineralisation der Lagerstätte Zinnwald (Cinovec). — Freiberger Forsch.-H. R. C 218, Leipzig (1967) S. 35—52

GOVINDARAJU, K.; MEVELLE, G.: Geostandards and geochemical analysis. — Spectrochim. Acta, London 38B (1983) S. 1447—1456

OELSNER, O. W.: Die pegmatitisch-pneumatolytischen Lagerstätten des Erzgebirges mit Ausnahme der Kontaktlagerstätten. — Freiberger Forsch.-H. R. C 9, Freiberg (1952) S. 1—80

RÖSLER, H. J.; BEUGE, P.; SCHRÖN, W.; HAHNE, K.; BRÄUTIGAM, S.: Die anorganischen Komponenten der Braunkohlen und ihre Bedeutung für die Braunkohlenerkundung. — Freiberger Forsch.H. R. C 331, Leipzig (1978) S. 53—70

SCHRÖCKE, H.: Grundlagen der magmatogenen Lagerstättenbildung. — Stuttgart: Ferdinand Enke Verlag 1973

SCHRÖN, W.; KAISER, G.; BOMBACH, G.: Die emissionsspektrographische Spurenelementbestimmung in geologischen Proben mit halbautomatischer Plattenauswertung. — Z. angew. Geol., Berlin 29 (1983) S. 559—565

SCHRÖN, W.; RÖSLER, H. J. u. a.: Drei neue geochemisch-mineralogische Komplexstandards Galenit GF-1, Sphalerit SF-1 und Pyrit PS-1. — Z. angew. Geol., Berlin 21 (1975) 1, S. 17—25

STEMPROK, M.: On the genesis of the ore deposit of Cinovec (Zinnwald). — Internat. geol. Congr., XXI Sess., Part XIV, Copenhagen 1960

Kulturelles Erbe und Geschichte der geologischen Wissenschaften am Beispiel des Adelsbriefes für Johann Friedrich Wilhelm Charpentier (1784)

PETER SCHMIDT, Freiberg

Mitteilung aus der Bibliothek „GEORGIUS AGRICOLA" der Bergakademie Freiberg

Der Adelsbrief für J. F. W. Charpentier ist die wertvollste und gewiß auch künstlerisch beeindruckendste Urkunde im Wissenschaftlichen Altbestand der Bibliothek der Bergakademie Freiberg. Auf Pergament geschrieben, in roten Samt eingebunden und von Kaiser Joseph II. beurkundet — so präsentiert sich dieses berühmte Dokument noch nach mehr als 200 Jahren dem Interessierten. Daß dieser Adelsbrief nicht nur ein Stück Genealogie und mitteleuropäische Kulturgeschichte reflektiert, sondern auch in enger Verbindung zu Charpentiers berühmtem Buch *„Mineralogische Geographie der Chursaechsischen Lande"* und damit zur Geschichte der geologischen Kartierung Sachsens steht, läßt Mineralogen und Geologen aufhorchen und macht Historiker sowie um die Pflege des kulturellen Erbes in und außerhalb montanwissenschaftlicher Fachbibliotheken Bemühte neugierig.

Lesen wir zunächst, was uns der um den Buchdruck sowie das Verlags- und Bibliothekswesen der Stadt Freiberg sehr verdienstvolle Johann Christoph Gerlach (1765—1820) über die Umstände der Verleihung des Adelsbriefes überlieferte: Als Ignaz Edler von Born (1742—1791), Hofrat bei der Hofkammer im Münz- und Bergwesen zu Wien, die „Mineralogische Geographie der Chursaechsischen Lande" (CHARPENTIER 1778) gelesen hatte, ermunterte er Charpentier,

„ein Exemplar dieser Geographie an die Kaiserin Koenigin

Eingang des Manuskripts in der Redaktion: 18. 5. 1988

Abbildung. Adelsbrief für J. F. W. Charpentier, Ausschnitt, mit Wappen und kaiserlichem Siegel in geöffneter Messingdose
Aufnahme: Photographenmeister MICHAEL KNOPFE, Freiberg

Maria Theresia, zu uebersenden. Die Kaiserin nach dessen Durchsicht darueber erfreut, wuenscht Charpentier in ihr Land zu ziehen. Aber ... von Born entgegnet darauf, das wuerde wohl unmoeglich seyn ... Die Kaiserin: „Aber was soll man dem Mann thun, den man gern ehren will?" ... von Born erwiederte: Vielleicht, wenn Ihro Majestaet ihn in den Reichsadelstand — „Ja! das soll geschehen, ohne alle Kosten." Dieses meldet nun Born an Charpentier mit dem Auftrag, sogleich die noethigen Notizen zu Ausfertigung des Diploms ihn zuzuschicken ...; ... das Diplom kam zu Weihnachten 1784. durch die Post von Wien in Freyberg an" (GERLACH 1819, S. 113—114).

Maria Theresia hat der Entwicklung der Geowissenschaften (wie anderen Bereichen der Wissenschaften, Wirtschaft und Kultur etc.) hohe Bedeutung beigemessen. Ihre Aufmerksamkeit richtete sie dabei auch auf Vorgänge und Ergebnisse außerhalb des theresianischen Staates. Die Anerkennung der Leistungen des in Freiberg tätigen Charpentier ist dafür ein Beispiel. Bezüglich anderer Beispiele verweist Vf. auf die Förderung naturhistorischer Sammlungen und seismologischer Forschungen durch Maria Theresia. Was letzteres betrifft, so ging beispielsweise auch die Untersuchung des bekannten Wiener Erdbebens von 1768 durch Joseph Anton Nagel (1717—1794) auf eine Veranlassung von Maria Theresia zurück (NAGEL 1768).

Die Erhebung Charpentiers in den „Heiligen Römischen Reichsadelstand" war mit der Verleihung bzw. Erneuerung des hier erstmalig als Farbaufnahme und mit rotem kaiserlichen Siegel abgebildeten Wappens verbunden. Der Wappenschild zeigt einen nach rechts schreitenden und hinter sich blickenden goldenen Hirsch auf grünem Rasen neben einer mit Steinen eingefaßten Brunnenquelle. Auf dem Schild ruht ein frei offener, blau angelaufener, rot gefütterter und zu beiden Seiten mit gold- und blauherabhängenden Decken gezierter, goldgekrönter adeliger Turnierhelm. Über diesem erscheint zwischen einer rechten blauen und einer linken roten Fahne ein rechtsgekehrter geharnischter Arm mit einem Degen in der Faust. Auf dem letzten Blatt dieser Urkunde unterschrieb Joseph II. eigenhändig, der nach dem Tod seiner Mutter Maria Theresia (29. 11. 1780) nunmehriger Alleinregent und Vertreter des aufgeklärten Absolutismus war.

Johann Friedrich Wilhelm Charpentier und seine „*ehelichen Erben, und Nachkommen, beiderlei Geschlechts, absteigenden Stammes*" durften fortan das Wappen

„*in allen und jeden ehrlich= und adelichen Sachen, Handlungen, u= Geschäffte, zu Schimpf, und Ernst, in Streitten, Stürmen, Schlachten, Kämpfen, Turnieren, Gestechen, Gefechten, Ritterspielen, Feldzügen, Panieren, Gezelten aufschlagen, Insieglen, Pettschaften, Kleinoden, Begräbnisse, Gemählden, und sonst allen anderen Orten u= Enden, nach ihren Ehren und Nothdürften, führen und gebrauchen* ..." und sich nunmehr (wieder) „von Charpentier" nennen und schreiben sowie von anderen so genannt und geschrieben werden. Wer künftighin diesen Reichadelstand mißachtete und damit „*freventlich hier wider thäte*", sollte fünfzig Mark löthigen Goldes zahlen — und zwar „*halb in Unsere Kaiserliche und des Reichs=Kammer; und den andern halben Theil ihm Johann Friedrich Wilhelm von Charpentier* ..." Ob dieser Betrag an von Charpentier bzw. die Kaiserliche und Reichskammer gezahlt wurde, ist unbekannt und für die Geschichte der geologischen Wissenschaften unwesentlich. Bekannt geworden sind hingegen die Leistungen Charpentiers und die daraus für seine Zeit erwachsenen Ergebnisse, wobei zur Charakterisierung seiner Verdienste vor allem zu nennen sind:

— seine Lehrtätigkeit an der Bergakademie Freiberg und seine Aufsicht über die bergakademische Bibliothek sowie den mathematischen und physikalischen Apparat,

- seine Arbeit im Oberbergamt[1])
- seine erfolgreichen Bemühungen zur Einführung der Amalgamation in Sachsen, insbesondere der Entwurf der Churfürstlichen Sächsischen Amalgamierwerke Halsbrücke,
- seine Veröffentlichungen, darunter die „Mineralogische Geographie der Chursaechsischen Lande“,
- seine Aufsicht über das Alaunwerk in Schwemsal und das Blaufarbenwerk in Oberschlema,
- seine Verwaltertätigkeit auf der Grube Churprinz Friedrich August Erbstolln und seine Einflußnahme auf den Bau des Schiffshebewerkes im Muldental durch Johann Friedrich Mende (1743–1798) sowie
- sein vorzüglich eingerichtetes Mineralienkabinett.

Archivalien, Publikationen und noch vorhandene originale Sachzeugen (technische Denkmale) belegen diese Leistungen. Zahlreiche Autoren setzten Charpentier in der Literatur ein Denkmal. Im Sinne von Beispielen seien dafür außer der schon zitierten Arbeit von GERLACH (1819) noch die Veröffentlichungen von GÜMBEL (1876), BLANCKMEISTER (1923), TREPTOW (1925), KRENKEL (1957), SCHELLHAS (1963), ENGEWALD (1980) und PRESCHER (1981) genannt. In Hinsicht auf die Vorgeschichte der Charpentierschen „Petrographischen Karte des Churfürstenthums Sachsen und der Incorporirten Lande“ konnte SCHMIDT (1985) neue Ergebnisse vorlegen.

[1]) Über die Beförderungen Charpentiers werden in der Literatur unterschiedliche Zeitangaben gemacht. Archivarische Recherchen in den Bestallungen des Kammerkollegiums/Geheimes Finanzkollegium des Staatsarchives Dresden belegen, daß Charpentiert 1766 als Professor an der Bergakademie Freiberg, 1773 als Bergkommissionsrat und Assessor im Oberbergamt, 1784 als Bergrat, 1796 als Oberaufseher, 1800 als Vice-Berghauptmann und 1802 als Berghauptmann nachweisbar ist.

Literatur

BLANCKMEISTER, F.: Die Familie Charpentier. – Nikolaigemeindebl., Freiberg i. Sa. 5 (1923) 4/5, S. 27–29

CHARPENTIER, J. F. W.: Mineralogische Geographie der Chursaechsischen Lande. – Leipzig: Siegfried Lebrecht Crusius 1778. XVI + 432 S.

ENGEWALD, G.-R.: Einige Gedanken zum Erscheinen der ersten farbigen petrographischen Karte Sachsens von Johann Friedrich Wilhelm von Charpentier vor 200 Jahren. – Z. geol. Wiss., Berlin 8 (1980) 2, S. 159–169

GERLACH, J. C. F.: War Ober=Bergcommissarius Zimmermann zu Dresden der Vater des verstorbenen Berghauptmann von Charpentier? – Freyberger gem. Nachr. Kgl. Sächs. Erzgeb., Freyberg 20 (1819) 14, S. 105–107, 15, S. 113–116 u. 16, S. 121–124

GÜMBEL, C. W.: Charpentier: Joh. Friedr. Wilhelm v. Ch. – Allg. dt. Biogr., Leipzig 4 (1876) S. 105–107

KRENKEL, E.: Charpentier, Johann Friedrich Wilhelm v. – Neue dt. Biogr., Berlin 3 (1957) S. 193

NAGEL, J.: Ausfuehrliche Nachricht von dem am 27ten Hornung dieses laufenden Jahres 1768. in und um Wien erlittenen Erdbeben, auf allerhoechsten Befehl ueberall an Ort und Stelle eingezogen und nunmehr dem wißbegierigen Leser mitgetheilet. – Wien 1768. 24 S.

PRESCHER, H.: Johann Friedrich Wilhelm von Charpentier's erste geologische Karte von Sachsen 1778. – Sächs. Gebirgsheimat, Ebersbach (Kr. Löbau) (1981) Bl. 6 (Kalender)

SCHELLHAS, W.: Johann Friedrich Wilhelm von Charpentier (1738–1805). – Bergakademie, Berlin 15 (1963) 10, S. 754–756

SCHMIDT, P.: Mitteilung über die Entdeckung der ersten kolorierten geologischen Karte sächsischer und angrenzender Gebiete (1768). – Z. geol. Wiss., Berlin 13 (1985) 2, S. 249–254

TREPTOW, E.: Charpentier, Johann Friedrich Wilhelm Toussaint v. – In: MATSCHOSS, C.: Männer der Technik. Ein biographisches Handbuch. Berlin 1925. S. 41

Tagungsberichte

1. Geschichtskonferenz des Zentralen Geologischen Institutes

WALTER REMUS, Berlin

Am 11. November 1987 fand die 1. Geschichtskonferenz des Zentralen Geologischen Institutes statt, die ganz im Zeichen des 70. Jahrestages der Großen Sozialistischen Oktoberrevolution stand. Damit trat die Kommission für Betriebsgeschichte bei der Zentralen Parteileitung des ZGI mit ihren Ergebnissen erstmalig vor die Öffentlichkeit. Die Bedeutung dieser Konferenz wurde durch die Teilnahme von Gästen, aus der SED-Kreisleitung Berlin-Mitte, der Akademie der Wissenschaften, der Humboldt-Universität u. a. sowie des 1. Stellvertreters des Generaldirektors des Kombinates Geologische Forschung und Erkundung (GFE) nachhaltig unterstrichen.
In Zusammenhang mit dieser Veranstaltung hatten die Teilnehmer die Möglichkeit, die in den vergangenen Jahren fertiggestellten Dokumentationen, Manuskripte und Veröffentlichungen in einer Ausstellung zu besichtigen.
Das Programm umfaßte folgende Vorträge:

J. KAMPS & P. KÜHN, ZGI: Ergebnisse, Stand und weitere Aufgaben der Arbeiten der Kommission Betriebsgeschichte
B. LANGE, AdW: Die Leninsche Wissenschaftspolitik und die Erforschung der natürlichen Produktivkräfte Rußlands in den ersten Jahren der Sowjetmacht
W. REMUS, ZGI: Der Kommunist und Geologe E. Lange unterstützt die junge Sowjetmacht
J. KAMPS, ZGI: Mit dem SMAD-Befehl 101 begann es
A. HOFMANN & P. KÜHN, ZGI: Sigfried Meyer – Kampfgefährte von Wilhelm Liebknecht und Karl Marx (erste Ergebnisse).

In der Diskussion kamen fünf Teilnehmer zu Wort, die übereinstimmend die vorgetragenen Problematiken begrüßten, der Kommission Betriebsgeschichte die Richtigkeit des eingeschlagenen Weges bestätigten und weitere Erfolge in der Arbeit wünschten.
In seinen Schlußbemerkungen dankte der 1. Stellvertreter des Generaldirektors des Kombinates GFE den Mitgliedern der Kommission Betriebsgeschichte für ihre vorbildliche Arbeit und hob die Bedeutung der Vermittlung von Geschichtskenntnissen für die politisch-ideologische Arbeit im Kombinat besonders für die Erziehung der Lehrlinge und der jungen Hoch- und Fachschulkader hervor.
Den Abschluß bildete die Vorführung des sowjetischen Dokumentarfilms „Zu den Reichtümern des Erdinneren“.
Es ist vorgesehen, in den kommenden Jahren jeweils im Monat November weitere Geschichtskonferenzen des ZGI zu veranstalten.

GHOSE, A. K. (Hrsg.)

Strategies for Exploitation of Mineral Resources in Developing Countries

Proceedings of the International Symposium organised by the Indian School of Mines, Dhanbad, from 6 to 8 November 1986 on the occasion of its Diamond Jubilee

Rotterdam: A. A. Balkema 1987. 286 S., zahlr. Abb. u. Tab., £ 25.50, DM 67.00

Mineralische Rohstoffe spielen im ökonomischen Prozeß der Entwicklungsländer eine beachtliche und zugleich kritische Rolle. Ausgehend von den regressiven Änderungen im Bereich der kapitalistischen Mineral-Industrie und depressiven Markt- und Preisentwicklungen ist die Zukunft von Mineral-Entwicklungsprogrammen in vielen Entwicklungsländern ernsthaft gefährdet.
Vor diesem Hintergrund wird in dem vorliegenden Buch mit 23 Einzelbeiträgen versucht, die ganze Breite der vor den Entwicklungsländern stehenden Probleme der Erkundung und Erschließung mineralischer Rohstoffe zu beleuchten. Die Beiträge reichen von der Rolle der Regierungen für den Mineralsektor und neuen Strategien der Mineralerkundung und -erschließung über die Bedeutung des Kleinbergbaues bis zu ökologischen Problemen.
Die Problematik war Gegenstand des Dialoges anläßlich eines internationalen Symposiums, veranstaltet durch die Indian School of Mine, Dhanbad, mit der Motivation einer Suche nach effektiven Lösungen.

M. KRAFT

ALBERTZ, J.; LIST, F. K.; SCHULZ, G. (Hrsg.)

Ingenieurphotogrammetrie
Fernerkundung für Ökologie und Entwicklungshilfe

Wissenschaftlich-technische Jahrestagung 1985, 12. bis 15. Mai, Berlin(West)

Berlin(West): Deutsche Gesellschaft für Photogrammetrie und Fernerkundung e. V. 1986. 236 S., 1 Anl.

Themen der Photogrammetrie in Architektur und Denkmalpflege sowie der Nutzung von Satellitendaten für die Klärung verschiedener regionaler Aufgaben waren Gegenstand dieser Jahrestagung. Die Eröffnung der Tagung stand im Zeichen des 100. Jahrestages der Gründung der damaligen „Königlichen Meßbildanstalt“ und der Erinnerung an ihren ersten Leiter, Albrecht Meydenbauer.
Drei der insgesamt 19 Vorträge behandelten geologische Themen. In Form von Übersichtsdarstellungen wurden vorrangig Anwendungen der Satellitenfernerkundung in Entwicklungsländern

und Fragen ihrer Effektivität diskutiert. P. Kronberg, bekannt als Verfasser mehrerer Lehrbücher der Fernerkundung und Photogeologie, gab eine Einschätzung der Möglichkeiten und Grenzen für die geologische Nutzung von kosmischen Radaraufnahmen.
Den fachlichen Schwerpunkt der Tagungsvorträge bildeten jedoch Anwendungen der Photogrammetrie in Architektur, Denkmalpflege und Bauforschung mit interessanten Beispielen aus Vergangenheit und Gegenwart.

F. Kühn

...

SODEMI — Rapport Annuel 1986

Abidjan 1987. 23 S.

Dieser Jahresbericht der Société d'Etat pour le Développement Minier de la Côte d'Ivoire umfaßt den Zeitraum 1. 10. 1985 bis 30. 9. 1986.
Der Bericht ist in folgende Abschnitte gegliedert:

- Allgemeines (Personal, Gebiete, finanzielle Übersichten)
- Bergbauuntersuchungen (Erze, Diamanten, Untersuchungen auf Polymetalle, Bohrarbeiten und Labor- und Interpretationsarbeiten)
- Entwicklungsarbeiten auf dem Gebiet des Bergbaues, insbesondere auf dem Erzsektor
- Ergebnisse und Statistik von Laborarbeiten
- weitere Aktualitäten (Dokumentationsleistungen, Beiträge für Publikationen).

Diese Übersicht wird mit einem Kapitel über weitere von SODEMI vertraglich vereinbarte Arbeiten und Leistungen abgeschlossen. Der Bericht bringt bei aller Kürze der Informationen wesentliche Fakten, mit denen die Spezialisten weiterarbeiten können. Die Form der Darstellung ist übersichtlich und ausgezeichnet zu nutzen.

B. Kölbel

...

St. John's '88

Joint Annual Meeting/Reunion Annuelle Conjointe
May 23—25 1988, St. John's
Programm with Abstracts

St. John's, Newfoundland: Department of Mines 1988. 139 S.

Der Band bringt die Kurzfassungen der mehr als 700(!) Vorträge der Tagung, die von den Institutionen Geological Association of Canada (GAC), Mineralogical Association of Canada (MAC) und Canadian Society of Petroleum Geologists (CSPG) getragen wurde. Das Buch informiert über drei Symposien (Extensional tectonics and stratigraphy of the North Atlantic margins, Middle Proterozoic crustal evolution of the North American and Baltic shields und New developments in Appalachian-Caledonian geology) und 15 spezielle Arbeitskreise sowie über Exkursionen vor der Tagung.

A. Sobe

...

Pacific Rim Congress 87

An International Congress on the Geology, Structure, Mineralisation and Economics of the Pacific Rim
26—29 August 1987, Gold Coast Queensland Australia

Victoria: The Australasian Institute of Mining and Metallurgy 1987. 949 S.

Der Tagungsband enthält 175 Vorträge in englischer Sprache. Die Texte haben fast ausnahmslos kurze Zusammenfassungen, Abbildungen und Literaturverweise. Die Autoren kommen zum überwiegenden Teil aus Australien und Neuseeland, häufig sind auch Arbeiten aus den USA. Vertreten sind Autoren aus der UdSSR, China, England, Kanada, Japan, Indonesien, Phillippinen, andere Länder mit jeweils einem Beitrag.
Die regional wie thematisch weit gefaßte Kongreßkonzeption spiegelt sich in diesem Band mit den vielfältigsten geowissenschaftlichen Themen wider. (Man hat sich auch um keine Gliederung bemüht, die Beiträge sind alphabetisch nach den Autorennamen gedruckt.) — Arbeiten zur Geotektonik und zu plattentektonischen Modellen folgen Anwendungen der Geostatistik zur Klassifikation von Kohlevorräten, und Karstuntersuchungen in China stehen neben Informationen zum Stand des umfassenden „Circum-Pacific Map Project" usw. Jedoch weit über die Hälfte aller Beiträge befaßt sich mit geochemischen und metallogenetischen Untersuchungen in dieser Region, wobei speziell Arbeiten zur Gold-Mineralisation besonders zahlreich sind.

A. Sobe

Buchbesprechungen

Park, R. G.

Geological Structures and Moving Plates

Glasgow: Blackie & Son Ltd. 1987. 337 S., 211 Abb., 11 Tab., 524 Lit., £ 19.95

In diesem Band wird der interessante Versuch unternommen, die gegenwärtigen Erkenntnisse über die Zusammenhänge zwischen Plattenbewegungen und geologischen Strukturen unter modernen Gesichtspunkten darzustellen.
Diese Synthese hat, wie der Inhalt des Buches beweist, sowohl eine interessante theoretische Seite als auch einen wesentlichen praktischen Aspekt. Die im Buch angeführten Beispiele beweisen das nachdrücklich. Der Inhalt des vorliegenden Werkes ist übersichtlich gegliedert und erlaubt eine problemlose Benutzung.
Die im ersten Teil des Buches dargelegten theoretischen Gesichtspunkte zu Plattenbewegungen, Eigenschaften der Lithosphäre werden unter dynamischen Aspekten behandelt und stellen eine moderne Interpretation kinematischer Aspekte dar.
Im zweiten Teil des Buches werden Anwendungsbeispiele geboten und unter verschiedenen tektonisch-strukturellen und kinematischen Gesichtspunkten diskutiert. Der dritte Teil bringt schließlich Beispiele klassischer phanerozoischer und präkambrischer Orogengürtel.
Insgesamt kann man einschätzen, daß die Darstellung der Probleme der modernen Geotektonik und deren Verbindung mit aktuellen theoretischen plattentektonischen Gesichtspunkten ein wesentlicher Schritt zur Schaffung einer modernen Synthese insgesamt darstellt. Die zahlreichen Abbildungen sowie das umfangreiche moderne Literaturverzeichnis vervollständigen den erfolgreichen Syntheseversuch.

B. Kölbel

Reading, H. G. (Hrsg.)

Sedimentary Environments and Facies

Oxford—London—Edinburgh—Boston—Palo Alto—Melbourne: Blackwell Scientific Publ. 1986. 2. Aufl., 615 S., 564 Abb., £ 19.50

Die sedimentologische Forschung hat in den vergangenen dreißig Jahren bedeutende Fortschritte gemacht. Basierend auf den Erfordernissen der Praxis, besonders der Erdöl-Erdgas-Erkundung, wurde ein Kenntniszuwachs erreicht, der heute nur noch schwer überschaubar ist. Um so mehr werden Handbücher begrüßt, in denen auf der Grundlage des aktuellen Forschungsstandes ein zusammenfassender Überblick über die Untersuchungsmethodiken, über das aus den sedimentologischen, petrographischen, geochemischen u. a. Analysen gewonnene Faktenmaterial sowie über dessen genetische Interpretation vermittelt wird.

Im vorliegenden Buch bildet — wie der Titel schon aussagt — die Milieu- und Faziesinterpretation den Schwerpunkt. Entsprechend sind auch Gliederung und Bezeichnung der Einzelkapitel: Alluviale Sedimentationsgebiete (Collinson); Seen (Allen & Collinson); Wüsten (Collinson); Klastische Küstenebenen (Elliott); Aride Küstenebenen und Evaporite (Schreiber); Klastische flache Meeresgebiete (Johnson & Baldwin); Flachmarine Karbonatgebiete (Sellwood); Pelagisches Milieu (Jenkyns); Klastische Tiefseegebiete (Stow); Glazialgebiete (Edwards). Besonders wertvoll ist ein ergänzendes Kapitel über die Zusammenhänge von Sedimentation und Tektonik (Mitchell & Reading), in dem unter Berücksichtigung plattentektonischer Konzeptionen die sedimentologischen Merkmale von Riftgräben, Aulakogenen und passiven Kontinentalrändern, von ozeanischen Becken und Rücken, von Sedimentationsräumen im Bereich von Subduktionszonen (Tiefseegräben, vulkanische Inselbögen u. a.), von den an Transformstörungen und Blattverschiebungen gebundenen Ablagerungsgebieten sowie von Becken, die Beziehungen zu Kollisionszonen auf-

weisen (z. B. Vorlandbecken, intramontane Tröge und Gräben) beschrieben und diskutiert werden.
Alle Kapitel sind mit reichem und hinsichtlich seiner Aussagekraft instruktivem Abbildungsmaterial ausgestattet. Bemerkenswert ist auch die Literaturliste mit über 2500 Zitaten. Schließlich erlaubt ein umfassendes Sachwortverzeichnis (ca. 3000 Begriffe) eine rationelle Handhabung dieses ausgezeichneten Werkes, das allen sedimentologisch, paläogeographisch und/oder tektonisch arbeitenden Geologen zu empfehlen ist.

D. FRANKE

...

Osobennosti porodoobrazujuščich mineralov magmatičeskich porod (Besonderheiten der gesteinsbildenden Minerale magmatischer Gesteine)

Moskva: Izdat. Nauka 1986. 245 S., zahlr. Tab. u. Diagr., Rbl. 2.90

Der Sammelband enthält insgesamt zehn Beiträge, die sich mit Problemen der Beziehungen zwischen Mineralbestand (gesteinsbildenden und akzessorischen Mineralen) und Genese magmatischer Gesteine auseinandersetzen. Dabei reicht die Palette der untersuchten Minerale und Gesteine von Quarzen, Glimmern und Amphibolen bis zu Akzessorien in Kalkalkali- und Alkali-Gesteinen saurer bis basischer Zusammensetzung unterschiedlichster formationeller Zugehörigkeit. Bemerkenswert sind Untersuchungsergebnisse der Spurenelementführung in Quarzen und Glimmern von Magmatiten und die daraus gezogenen Schlußfolgerungen für metallogenetische Spezialisierung und Produktivität der Plutonite.
Der Band vermittelt einen guten Einblick in die Möglichkeiten, die sich aus der detaillierten Untersuchung von Mineralphasen für genetische und metallogenetische Interpretationen ergeben, wird jedoch dadurch einem begrenzten Nutzerkreis vorbehalten bleiben.

G. RÖLLIG

KWAK, T. A. P.

W—Sn skarn deposits and related metamorphic skarns and granitoids

Amsterdam—Oxford—New York—Tokyo: Elsevier Science Publ. B. V. 1987. XVI + 451 S., 192 Abb., 58 Tab., 541 Lit., Dfl. 215.—
(Developments in Economic Geology, 24)

In zehn Kapiteln behandelt der bekannte australische Forscher Definitions- und Abgrenzungsfragen, allgemeine und spezifische Merkmale, Vertreter wichtiger Lagerstättentypen im kontaktnahen (proximalen) und kontaktfernen (distalen) Bereich, wichtige Begleiterscheinungen und -gesteine sowie die Abgrenzung gegenüber W-Skarnen in regionalen metamorphen Serien.
Ausgehend von den vielen Möglichkeiten und Hypothesen der Skarnbildung, die epigenetische und syngenetische Modelle in Abhängigkeit von postmagmatischen Wirkungen, von magmatogener Wärme, von regionaler Metamorphose sowie von oberflächennahen Krustenwässern umfassen, leitet er die Kriterien ab, die zur Untersuchung und genetischen Einstufung von Skarnen herangezogen werden sollten. W—Sn-Skarne werden als komplexe und sehr variable Erscheinungen bezeichnet, deren Bewertung sich auf kombinierte Untersuchungen in der Lagerstätte, im Handstück und in mikroskopischen Präparaten in Verbindung mit paragenetischen, chemisch-analytischen, thermobarometrischen und massenspektrometrischen Analysen stützen muß. Eine besondere Rolle spielen dabei die regionalen und lokalen Beziehungen zum Magmatismus, die strukturelle und petrologisch-lithologische Situation, die Rekonstruktion von Wesen und Veränderungen primärer Gefüge und Paragenesen sowie die Verfolgung des Temperatur-, Druck- und Konzentrationsregimes anhand von Gas-Flüssigkeitseinschlüssen. Diese Gesichtspunkte spiegeln sich auch bei der Behandlung von rund 110 Lagerstättenbeispielen aus aller Welt im Rahmen von fast 30 Skarn- und Greisenformationen wider. Die Abgrenzung gegenüber metamorphogenen Typen ist klar und verständlich.
Aufmachung und Ausgestaltung des Buches entsprechen der Tradition des Verlages. Während die zahlreichen Abbildungen sehr informativ sind und trotz der Vielfalt der Quellen auf einen einheitlichen Stil zugeschnitten wurden, sind die Tabellen dagegen durch ihren extremen Kleindruck schwer lesbar. Enttäuschend ist das Stichwortverzeichnis, das mit rund 150 Positionen nicht dem monographischen Charakter des Buches entspricht.
Insgesamt stellt das Buch eine begrüßens- und empfehlenswerte Neuerscheinung dar, deren Wert über das spezielle Anliegen der Sn—W-Skarne hinausgeht.

O. LEEDER

THORNTON, J.; HOWARTH, R. J. (Hrsg.)

Applied Geochemistry in the 1980s

London: Graham & Trotman Ltd. 1986. 347 S., zahlr. Abb. u. Tab., £ 38.—

Der Band enthält die Beiträge, die zu Ehren des führenden englischen Geochemikers J. S. Webb im April 1983 im Imperial College, London, vorgetragen wurden. Die Autoren, vorwiegend Absolventen dieser Einrichtung, würdigen damit die große Bedeutung, die die Arbeit von J. S. Webb für die Entwicklung der modernen angewandten Geochemie besitzt. In fünfzehn Artikeln werden die bisherige und gegenwärtige Bedeutung der Geochemie in der Lagerstättenerkundung im englischsprachigen Bereich (GOVETT), die Perspektiven der Anwendung der geochemischen Prospektion in der südlichen Hemisphäre (MASZUCCELLI), die geochemische Prospektion auf Gold (NICHOL), die Bedeutung der Bodenluftprospektion vor allem für die Suche von Kohlenwasserstoff-Lagerstätten (MEYER u. a.), die Stellung der regionalen Geochemie in der Entdeckung und Modellierung von Erzlagerstätten am Beispiel N-Schottlands (PEANT u. a.), die Litho- und Bachsedimentgeochemie von Granitgebieten (VIEWING u. a.), die Rolle der Datenverarbeitung (HOWARTH & GARRETT), die Rolle der Laboratorien (CROFT) und dabei insbesondere der ICP-Technik (THAMPSON), die geochemische Prospektion im flachmarinen Bereich (SMITH), die geochemische Prospektion auf Erzlagerstätten der Tiefsee (CRONAN), die Bedeutung der Geochemie für die Gesundheit der Tiere (LEWIS), die Wechselwirkung zwischen natürlichen und technogenen Metallquellen in der Umwelt (THORNTON u. a.), die Möglichkeit der Verwendung von Schellfisch als geochemischer Indikator in der marinen Umwelt (DARROCOTT) und der Zusammenhang zwischen Geochemie und der menschlichen Gesundheit behandelt.
Die Arbeiten zeigen insgesamt, daß Fortschritte in der angewandten Geochemie nur mit Hilfe der effektivsten laborativen Verfahren und der allseitigen Anwendung der modernsten Methoden der Datenverarbeitung und -darstellung möglich sind. Prof. J. S. Webb hat das bei seinen regionalen Prospektionsarbeiten in Sambia und vor allem bei der Erarbeitung des *Geochemical Atlas of England and Wales* frühzeitig nachgewiesen.

J. RENTZSCH

VOLLSTÄDT, H.; VOIGT, G.; VOGEL, A.

Micromounts: Arbeitsbuch für Mineralsammler

Leipzig: Deutscher Verlag für Grundstoffindustrie 1987. 195 S., 98 Abb., 119 Farbbilder, 17 Tab., M 30.—

Unter der Überschrift *Sammeln* werden im ersten Hauptkapitel Vorschläge gemacht, wie eine Sammlung kleiner Mineralproben aufgebaut und geordnet werden kann. Neben der systematischen Ordnung wird vor allem auf regionale Spezialisierung als wissenschaftlich ertragreich und mit Kleinproben auch erreichbar hingewiesen. Das Schneeberger Revier mit seiner reichhaltigen Paragenese dient dazu als gutes Beispiel. Die Liste der bisher dort aufgefundenen Mineralarten (leider mit Schreibfehlern) ist deshalb nützlich, die Aufzählung der 188 alten Grubennamen ohne zugehörige Karte oder historische Hinweise aber wohl nur eine Spielerei. — Eine Liste der Silberminerale (ebenfalls mit Schreibfehlern) zeigt die Möglichkeit des chemischen Ordnungsprinzips. — Ein Abschnitt zum Sammeln im Gelände, Transport und Tausch gibt wichtige praktische Anregungen.
Bestimmen der Proben ist der nächste wichtige Schritt für jeden Sammler. Das folgende Kapitel behandelt die einfachen Bestimmungen nach äußeren Kennzeichen, nach der Dichte und enthält einige Angaben zu Morphologie, Tracht und Habitus. Symmetrie als besonders auffallende Eigenschaft gut kristallisierter Minerale wird nicht besprochen. Dabei ist gerade für den Micromounter die Beherrschung der kristallographischen Grundlagen unerläßlich, wenn er die kleinen, oft ideal ausgebildeten Objekte möglichst schon durch sachkundiges Betrachten und richtige morphologische Aufstellung sicher und zerstörungsfrei identifizieren will. — Ein Abschnitt über die historischen Verfahren der Lötrohrprobierkunde bietet Anregungen zu einfachen Bestimmungen der chemischen Zusammensetzung. Hinweise auf moderne optische und röntgenographische Methoden zur Phasenanalyse werden gegeben.
Präparative Methoden für den Sammler von Kleinobjekten behandelt das nächste Kapitel. Die Abschnitte *Reinigen* (mit einer Tabelle zur Löslichkeit ausgewählter Minerale und Angaben über Reinigungsmittel und -methoden), *Formatisieren* (mit Vorstellung geeigneter Geräte), Montieren und Aufbewahren (mit praktischen Beispielen) sowie Kennzeichnen und Katalogisieren fassen die Möglichkeiten auf diesem Gebiet gut zusammen.

Es folgt die Vorstellung *optischer Hilfsmittel*. Geräte von der Lupe bis zum Stereomikroskop werden beschrieben und ihre Leistungen verglichen. Jeder Sammler und Liebhaber von Micromounts wird dieses Kapitel mit besonderem Interesse lesen.
Abschließend werden Besonderheiten und Erfahrungen zur *Photographie* kleiner Objekte sachkundig dargestellt. Die Ausführungen der Autoren führen zu dem richtigen Schluß, daß für ein gelungenes Photo ein geeignetes Objekt, entsprechende Technik und Beleuchtung sowie getesteter Film notwendig sind.
Der Farbtafelteil mit 119 Abbildungen auf 64 Seiten ist von guter drucktechnischer und farblicher Qualität. Einige Objekte erscheinen aber entweder als nicht geeignet (z. B. Abb. 8 Proustit, Abb. 20 Antimonit, Abb. 52 Devillin, Abb. 72 angeblich Roselith, wahrscheinlich Pikropharmakolith) oder nicht richtig beleuchtet (z. B. Abb. 32 Lepidokrokit, Abb. 95 Topas, Abb. 102 Dioptas), um wirklich gut erkennbare Bilder zu liefern, so daß hier Verbesserungen möglich und wünschenswert sind.
Der Titel „Micromounts" bietet dem Sammler viele Beispiele und Anregungen und faßt die bisher vorliegenden Erfahrungen gut zusammen. Dem Verlag gilt der Dank für gute Gestaltung und Ausstattung.

G. WAPPLER

EHLERS, E. G.

Optical Mineralogy Vol. 2: Mineral Descriptions

Palo Alto—Oxford—London—Edinburgh—Boston—Melbourne: Blackwell Scientific Publ. 1987. 286 S., 32 Bildseiten, Abb., Tab., £ 38.—

Der Band enthält in Teil 1 (22 S., 21 Abb.) eine Kurzfassung des 1. Bandes, der sich mit Mikroskopaufbau, optischer Theorie und Techniken zur Mineralbestimmung im Dünnschliff und Körnerpräparat beschäftigt. Teil 2 gibt eine Anleitung zur Bestimmung unbekannter Minerale (51 S.), deren Hauptteil Tabellen mit der chemischen Zusammensetzung, den physikalischen, vor allem optischen, Eigenschaften und den Vorkommen von insgesamt 170 Mineralen bilden. Im 3. Teil sind dann die Mineralbeschreibungen (195 S. mit 234 Abb. und Mineralzeichnungen) in alphabetischer Reihenfolge mit Angaben zur chemischen Zusammensetzung, den optischen Daten, Habitus, Spaltbarkeit, Härte, Verzwilligung, spezifischem Gewicht, Vorkommen, Umwandlungen und Ähnlichkeiten mit anderen Mineralen aufgeführt. Schließlich sind im Anhang das Inhaltsverzeichnis des 1. Bandes, ein Literaturverzeichnis (69 Zitate) und ein Sachwortverzeichnis enthalten.
Dem Fachmann ist der Inhalt des Buches am besten damit umschrieben, daß es weitgehend dem „TRÖGER" entspricht, wobei die zahlreichen, darunter 70 farbigen, Dünnschliffaufnahmen von Mineralen sowie das farbige Lichtbrechungs-Nomogramm besonders hervorzuheben sind. Das Buch wird deshalb ein wichtiges Standardwerk für jeden Petrographen bilden.

G. RÖLLIG

ARINŠTEJN, M.; MEL'NIKOV, E.; ŠAKINKO, I.

Cvetnye kamni Urala (Farbige Steine des Urals)

Sverdlovsk: Sredne-Ural'skoe knižnoe izdatel'stvo 1986. 224 S., 78 Farbtafeln, 51 Lit., Rbl. 2.30

Dieses recht schön aufgemachte Buch ist der Geschichte der Erforschung und Nutzung der Schmucksteine des Urals gewidmet. Die Autoren berichten in teilweise poetischer Form in sieben Kapiteln über Eigenschaften, Legenden und Symbolik derartiger Steine, über Sammlungen und Ausstellungen von Juwelierarbeiten und vieles andere Wissenswerte, das in liebevoller Arbeit zusammengetragen wurde.
Das 2. Kap. ist eine geschichtliche Darstellung der Entdeckung der Lagerstätten farbiger Steine im Ural, illustriert mit historischen Karten, Porträts von auf diesem Gebiet tätigen Persönlichkeiten, der Abbildung von Gegenständen aus Jaspis u. a. Es wird über die Anfertigung von Erzeugnissen aus solchen Steinen in früheren Jahrhunderten bis hin zu einer Ausstellung „Russische Edelsteine" 1981 in Sverdlovsk berichtet.
Weitere Kapitel befassen sich mit Jaspis, Malachit, Rhodonit, Chalzedon und anderen farbigen Steinen wie Aventurin, Listvenit, Serpentin, Nephrit sowie auch Marmor und dekorativen Porphyrarten.
Den zweiten Teil des Bandes bilden Übersichtskarten des Urals, in die die Lagerstätten der jeweiligen Minerale in entsprechender Farbsignatur eingetragen sind, sowie Farbtafeln mit Photos von Landschaften, Aufschlüssen und Juwelierzeugnissen in guter Qualität.

A. KRÜGER

SERGEEV, E. M.

Teoretičeskie osnovy inženernoj geologii – geologičeskie osnovy (Theoretische Grundlagen der Ingenieurgeologie – Geologische Grundlagen)

Moskva: Izdat. Nedra 1985. 332 S., 42 Abb., 28 Tab., 50 Lit., Rbl. 2.—

Dieses Buch ist ein Band der von Prof. SERGEEV betreuten Gesamtausgabe der theoretischen Grundlagen der Ingenieurgeologie. Weitere Bände enthalten die „Physiko-chemischen Grundlagen", „Sozialökonomische Aspekte" und „Mechanisch-mathematische Grundlagen". Der bekannte sowjetische Ingenieurgeologe verfolgt damit das Anliegen, den gegenwärtigen theoretischen Wissensstand der breit gefächerten Grundlagen der Ingenieurgeologie einheitlich und geschlossen darzustellen.
Das Buch ist in die Teile „Geologische Grundlagen der Genese von Gestein und Gebirge", „... der Geodynamik" sowie „... der regionalen Ingenieurgeologie" gegliedert

Teil I: Petrogenese, tektonische Einflüsse auf Gesteinsmerkmale, Gesteinsklassifikation, ingenieurgeologische Merkmale der Magmatite, Sedimentite und Metamorphite; Teil II: Klassifikation, Typen und Mechanismen der Prozesse, Neotektonik, Oberflächen- und unterirdisches Wasser, natürliche Spannungsfelder, regionale und lokale Gesetzmäßigkeiten der Entwicklung geologischer Prozesse, Einfluß technogener Faktoren, Grundlagen der Prognose; Teil III: Stoff-Struktur-Komplexe in der regionalen Ingenieurgeologie, Prinzipien und Merkmale der Rayonierung.

Von erheblichem Interesse sind die Abschnitte, die sich mit den Zusammenhängen zwischen Bildungsbedingungen, Stoff-Strukturbestand und Eigenschaften der Gesteine beschäftigen (Abschn. 5 bis 8) sowie jene, die die Merkmale der Entwicklung geologischer Prozesse unter dem Einfluß technogener Faktoren (Abschn. 17) oder deren Prognosegrundlagen (Abschn. 18) behandeln.
Der Wert des Buches liegt in seinem Übersichtscharakter. Es richtet sich weniger an Studierende, sondern in erster Linie an wissenschaftlich und praktisch arbeitende Ingenieurgeologen und Spezialisten, die sich mit der Lösung ingenieurgeologischer Aufgaben oder der Nutzung ingenieurgeologischer Arbeitsergebnisse beschäftigen.

H. MOLEK

MILNES, A. G.

Geology and Radwaste

London: Academic Press 1985. 328 S., 97 Abb., 3 Tab., 500 Lit., $ 39.95

Die sichere Endlagerung radioaktiver Abfälle ist ein dringliches und — obwohl ganz überwiegend geologisches — von zahlreichen Technikern, Politikern und der breiten Öffentlichkeit weltweit stark diskutiertes Problem. Das diesen Diskussionen zugrunde liegende technische und geologische Fachwissen läßt dabei oft zu wünschen übrig, und auch unter den Geowissenschaftlern gibt es durchaus keine einhellige Meinung dazu, welcher praktizierten oder vorgeschlagenen Form der Endlagerung der Vorzug einzuräumen ist.
Der Autor bietet in seinem stark gegliederten Buch dem Geologen technische Grundlagen (Teil I: Background; 54 S.), die Entstehung, Eigenschaften und Lagerung radioaktiver Abfälle umfassen. Im Teil II (Geowissenschaftliche Perspektiven; 210 S.) werden — offenbar als eine Art Kurzlehrgang der Geologie für den Nicht-Geologen — in 11 Kapiteln sowohl Grundlagen als auch für die Endlagerung besonders relevante Aspekte der Geowissenschaften wie z. B. biogeochemische Aspekte, Abtragung und Ablagerung, Genese und Eigenschaften von Sedimentgesteinen, vulkanische Prozesse und Produkte, physikalische Prozesse in der Oberen Kruste, Wechselwirkung Fluid—Gestein, ozeane Prozesse u. a. behandelt.
Im Teil III (Anwendung; 32 S.) wird auf die Erkundung und Bewertung von Endlagerplätzen eingegangen und Fallbeispiele (Ozeanbodenlagerung, Schweden, Schweiz) geschildert.
Das Literaturverzeichnis enthält fast ausschließlich westliche englisch- und deutschsprachige Titel bis 1983, darunter auch zahlreiche weniger bekannte Berichte von Laboratorien und Organisationen. Ein Index (9 S.) schließt die Zusammenstellung ab.
Eingeschlossen in die genannten Kapitel sind u. a. auch das Langzeitverhalten von Abgängen der Uranerzaufbereitung, die Migration von Radionukliden in Beispielsgebieten, die Stabilität vulkanischer und künstlicher Gläser usw. Der jedem Teilaspekt gewidmete Umfang reicht dabei meist zu einem Überblick oder ausgewählten Beispielen aus, um dem Interessierten die Problematik zu verdeutlichen; der Spezialist wird auf die zitierte Literatur zurückgreifen müssen.

P. G. DIETRICH

...

Deep Underground Disposal of Radioactive Wastes: Near-Field Effects

Vienna: International Atomic Energy Agency 1985. 60 S., 5 Abb., 99 Lit. ÖS 160.—

(Technical Reports Series No. 251)

Im Bericht wird ein Überblick über die wichtigsten Einflüsse, vor allem von hochaktiven Abfällen, auf die nähere Umgebung eines Endlagers gegeben. Die Betrachtungen betreffen ausschließlich durch bergmännischen Aufschluß errichtete Lager für feste, verpackte Abfälle in Tiefen größer als 200 m. Übersichtlich und kurz werden zunächst die Bestandteile des näheren Umfeldes wie Lagersystem, Abfallverpackung als Teil der technischen Barrieren und die Lagerung sowie die geologische Umgebung selbst betrachtet. Die Auswirkungen auf die international für eine Endlagerung als günstig angesehenen Gesteine wie Steinsalz, Granite, tonige Sedimente, Tuffe und Basalte sind im anschließenden Hauptkapitel (Einflüsse auf die nähere Umgebung) stets in der gleichen Reihenfolge analysiert. Schwerpunkte der Abhandlung sind: Korrosion von Behältermaterial — Auslaugung der Abfälle — Strahlungseinflüsse — thermische Beeinflussung — thermo-mechanische Auswirkungen — chemische und mineralogische Veränderungen — hydrogeologische Eigenschaften des Einlagerungshorizontes — Wegsamkeit der weiteren Umgebung für Radionuklide.
Der derzeitige Kenntnisstand wird dem Leser kurz und verständlich mitgeteilt. Für weitere detaillierte Aspekte werden entsprechende Literaturhinweise gegeben. Besonders für hochaktive, langlebige Abfälle sind abschließende Hinweise für noch erforderliche in-situ-Versuche aufgeführt.
Nicht nur Geowissenschaftlern kann der Bericht über die Beeinflussung von radioaktiven Abfällen auf die Umgebung des Lagerortes als Einführung in die Problematik sehr empfohlen werden.

P. Schulz

Lavergne, M.

Méthodes sismiques

Paris: Éditions Technip 1986. 207 S., 113 Abb., 1 Tab., 68 Lit., FF 180.—

Der international durch zahlreiche wichtige Publikationen bekannte französische Geophysiker legt mit diesem Lehrbuch eine sehr gut gegliederte und reich bebilderte Einführung in die Methodik der seismischen Erkundung vor. Nach einer Darstellung der theoretischen Grundlagen der Ausbreitung seismischer Wellen im Untergrund werden solche grundlegenden Begriffe wie Fouriertransformation, Faltung und Auflösungsvermögen erläutert. Bei der Beschreibung des heute verfügbaren Inventars an seismischen Meßverfahren nimmt naturgemäß die Reflexionsmethode den breitesten Raum ein. Hier werden sowohl bei der Datenaufnahme als auch für die Datenbearbeitung alle modernen Verfahren angesprochen. Entsprechend kürzer sind Refraktionsseismik und seismische Vertikalprofilierung abgehandelt.
Der Umfang des Buches erlaubte allerdings insgesamt nur eine sehr gestraffte Darstellung der zu überstreichenden Stoffülle. So ist dieses Werk vor allem zur Einführung für Geophysikstudenten niederer Semester bzw. für Studenten und Praktiker benachbarter Fachgebiete geeignet. Ein ausführliches Register erleichtert die Verwendung des Buches als Nachschlagewerk.

U. Patzer

Musich, L. F.; Davies, T. A.; Woodbury, P. B.; Marsee, D. F.

Lithologic Data from Pacific Ocean Deep Sea Drilling Projekt Cores

Boulder, Colorado: National Geophysical Data Center 1987. 447 S.
(World Data Center A for Marine Geology and Geophysics, Report MGG-4)

Der Band enthält nach einer Einführung in die Art der Darstellung weitere vier Teile, die die Untersuchungsphasen (1968—1970, 1970—1972, 1972—1975, 1975—1983) abgrenzen. Jeder Teil beginnt mit einer Übersichtskarte zu den numerierten Bohrpunkten sowie einer Zusammenstellung der geographischen und geologischen Positionen. Zu jedem Bohrpunkt folgt die graphische Darstellung der Teufe, des Alters, der Lithologie, des prozentualen Karbonat- und des biogenen SiO_2-Gehaltes sowie der Porosität und der Sedimentdichte.

A. Sobe

Göpfert, W.

Raumbezogene Informationssysteme

Karlsruhe: Herbert Wichmann Verlag GmbH 1987. 278 S., 163 Abb., 18 Tab., 10 S. Lit., DM 98.—

Der erst seit wenigen Jahren vorhandene hohe Entwicklungsstand der Rastertechnologie eröffnet neue Möglichkeiten der Verarbeitung und Verknüpfung digitaler graphischer Informationen. In der Einführung dieser Monographie werden Erfassung, Speicherung und Ausgabe von Rasterdaten sowie Datenreduktionsmöglichkeiten umrissen. Der Schwerpunkt liegt auf der umfassenden Abhandlung von Rasterdatenmanipulationen. Die Kapitel ‚Grauwertoperationen', ‚Frequenzoperationen', ‚Geometrische Operationen' und ‚Flächenkorrelationen' von Rasterdaten werden auf hohem Niveau unter Einbeziehung von mathematischen Grundlagen, numerischen Beispielen, anschaulichen Graphiken und Prinzipskizzen abgehandelt. Dem Anwender verdeutlichen Beispielbilder sehr gut die Wirkungsweise der vielfältigen Rasterdatenoperationen. Eindrucksvoll demonstriert Vf. eine Reihe von zukunftweisenden Anwendungsbeispielen aus der Meteorologie, Landschaftsökologie, Geologie u. a., die aus der Erfahrung des Autors beim Aufbau eines Landinformationssystems (LIS) auf der Basis von Fernerkundungsdaten, kartographischen Vektor- und Rasterdatenbanken sowie Sachdateien resultieren. Angefügte Interpretationsmöglichkeiten unterstreichen den praktischen Wert der Anwendungsvarianten als Prognose- oder Entscheidungshilfen. Die Beispiele sind anhand meist farbiger Tafeln nachvollziehbar. Für die Zukunft ergibt sich daher ein beachtliches Potential an thematischen Auswertemöglichkeiten durch die Anwendung von LIS in Kombination mit sekundären Datenbanken.
Ergänzt wird das Buch durch ein umfangreiches Stichwortverzeichnis, ein Glossar und einen Anhang mit mathematischen Definitionen u. ä. Empfehlenswert ist der Band vor allem Interessenten, die sich mit digitaler Bildverarbeitung oder der Konzeption bzw. dem Aufbau räumlich bezogener geologischer o. a. Datenbanken beschäftigen.

P.-N. Schulz

Heck, B.

Rechenverfahren und Auswertemodelle der Landesvermessung

Klassische und moderne Methoden

Karlsruhe: Herbert Wichmann Verlag GmbH 1987. XIV + 466 S., 83 Abb., 8 Tab., 258 Lit., DM 79.—

Neben den klassischen Rechenverfahren der Geodäsie zur Lage- und Höhenbestimmung durch traditionelle Grundlagenmessungen gewinnen moderne Auswertemethoden von neuartigen Beobachtungsverfahren wie Satelliten- und Inertialmessungen für die Praxis der Landesvermessung zunehmende Bedeutung. Wurden bisher getrennt zweidimensionale sphärische und ellipsoidische Modelle zur Lagebestimmung und eindimensionale Verfahren zur Höhenbestimmung angewendet, so beruhen die modernen Auswerteverfahren auf einer geschlossenen dreidimensionalen Positionsbestimmung. Diesem Trend trägt das vorliegende Buch Rechnung.
In einem einführenden Teil (118 S.) werden zunächst allgemeine Grundlagen zu Koordinatensystemen und zur geodätischen Modellbildung behandelt. Den beiden folgenden Teilen liegen die zweidimensionalen Modelle der Lagebestimmung auf Kugel- und Ellipsoidflächen (170 S.) sowie die eindimensionalen Modelle der Höhenbestimmung (32 S.) zugrunde. In einem abschließenden Teil (37 S.) werden dreidimensionale und integrierte Modelle der Positionsbestimmung in sehr gestraffter Form vorgestellt. Aus dieser den Umfang der einzelnen Themenkomplexe charakterisierenden Übersicht geht hervor, daß die klassischen Methoden im Buch dominieren. Ihnen liegt auch im wesentlichen die Auswahl von 37 Lehr- und Handbüchern des Literaturverzeichnisses zugrunde.
In einem umfangreichen Anhang (80 S.) werden die zum Verständnis des Buches erforderlichen mathematischen Grundlagen erläutert. Sie umfassen die ebene und die sphärische Trigonometrie, euklidische Räume und Koordinatentransformation, Teilgebiete der reellen Analysis und der Differentialgeometrie sowie komplexe Zahlen und Teilgebiete der Funktionentheorie. Diese Grundlagen sowie die methodisch klare und gut gegliederte Abhandlung der fachlichen Teile, unterstützt durch aussagekräftige Abbildungen und einen ausgewählten Formelapparat, verleihen dem Buch den Charakter eines Nachschlagewerkes, das über Prinzipien und aktuelle Anwendungsfälle der wichtigsten geodätischen Auswertungsverfahren informiert.

H. Meixner

MARSAL, D.

Statistics for Geoscientists

Oxford etc.: Pergamon Press. 1987. 176 S., 50 Abb., 7 Tab., 182 Lit., $ 25.—

Die englische Ausgabe des 1967 in erster Auflage erschienenen Buches stellt mehr oder weniger unverändert eine sehr elementare Einführung in einige Probleme und Lösungsmöglichkeiten mathematisch-geologischer Aufgabenstellungen dar. Behandelt werden unter anderem Häufigkeitsverteilungen und ihre Parameter, Parameterschätzungen, Konfidenzintervalle, statistische Tests, Korrelations- und Regressionsrechnungen, lineare Diskriminanz-, Trend-, Varianz- und Rangkorrelationsanalyse, Splineinterpolation und weitere Verfahren. Unterlegt durch viele knapp gehaltene Beispiele, sind die Darlegungen abrißhaft gehalten und damit nur bedingt als Anleitung für eigenes Arbeiten zu verwenden.
Es ist bemerkenswert, wie wenig an der Gesamtanlage und im Detail in den 20 Jahren seit der Erstauflage verändert wurde. So enthält der Teil Methodik des Literaturverzeichnisses weiterhin fast ausschließlich englischsprachige Angaben, und wenn man die in Kap. 2 empfohlene Auswertung statistischer Daten anwendet, kommt man auf einen Altersdurchschnitt von über 15 Jahren für die zitierte Literatur. Das trägt der stürmischen Entwicklung der letzten Jahre nicht Rechnung. Das Buch berücksichtigt auch konzeptionell weder die Datenverarbeitung unter Einsatz der bekannten Programmpakete zur Statistik noch die zur Selbstverständlichkeit gewordene Anwendung von Personalcomputern.
Der Autor findet auf S. 156 sarkastische Worte für die bei statistischen Arbeiten zuweilen anzutreffende Großzügigkeit von Bearbeitern. In dem Buch werden aber solche Teilgebiete und Termini wie factor analysis oder geostatistics nicht weniger großzügig verwendet, und die zwei in der ersten Auflage 1967 (S. 133) als im Druck befindlich ausgewiesenen Arbeiten werden noch immer (S. 160) gedruckt!

H. THIERGÄRTNER

HSÜ, K. J.; KELTS, K. R.

Quaternary Geology of Lake Zurich: An Interdisciplinary Investigation by Deep-Lake Drilling

Contributions to Sedimentology, Stuttgart 13 (1984) 210 S., 89 Abb., 22 Tab., DM 84.—
Referiert von L. EISSMANN

In dem Band wird eine 1980 auf dem Züricher See niedergebrachte Bohrung (Zübo 80 project) allseitig beschrieben, die bei einer Wassertiefe von 136 m 154,4 m quartäre Sedimente und 47,3 m tertiäre Molasse durchsank. Das Ziel der Bohrung bestand darin, geothermische Messungen in einer Seebohrung durchzuführen, weitere Kenntnisse über Klima- und Vegetationsentwicklung im Quartär zu gewinnen, die Beziehungen zwischen Sedimentationsgeschehen und Klima- und Vereisungsablauf in einem tiefen Alpenrandsee aufzuhellen, die seismischen Seeprofile vorangegangener Untersuchungen zu eichen und weitere Daten zur See-Entstehung zu erhalten.
In 18 Kapiteln werden von 13 Autoren Ziele, technische Daten zur Bohrung, Untersuchungsverfahren, Befunde und schließlich deren Interpretation vorgestellt. Nach einer Übersicht über die geologischen Rahmenbedingungen und die bisherigen seismischen Auswertungen werden die Resultate der Lithostratigraphie, der mineralogischen Untersuchungen (Tonminerale, Karbonate) und Granulometrie dargelegt. Es folgen die Ergebnisse der gesteinsmagnetischen, paläomagnetischen, pollenanalytischen und geotechnischen Untersuchungen, der Wassergehalts-, Sedimentdichte- und Schallgeschwindigkeitsbestimmungen und schließlich geothermischer Messungen. Die letzten beiden Abschnitte sind zusammenfassende Betrachtungen zum Eiszerfallsgeschehen und der Quartärgeologie der Seeregion unter besonderer Berücksichtigung des Bohrergebnisses. Die quartären Sedimente bestehen zuunterst aus 18,8 m Kiesen, Sanden und Blöcken. Sie werden von 107,2 m feinkörnigen, mehr oder minder stark von Gleit- und Fließvorgängen deformierten proglazialen und/oder subglazialen Seesedimenten mit Dropstein-Laminiten überlagert, in die vier Moränenbänke (basal mud tills) eingeschaltet sind. Diese Folge wird in das Würmglazial eingestuft. Darüber liegende insgesamt 30,4 m mächtige Schluffe mit Dropsteinen, mergelige und schluffige Turbidite und weitere feingeschichtete stark kalkhaltige Pelite vertreten das Spätwürm und Holozän. Von der Entstehung dieser oberen Schichtenfolge entwirft LISTER ein überzeugendes Modell, das mit Befunden im skandinavischen Bereisungsgebiet gestützt werden kann. Das das Becken füllende Toteis beginnt in der Eiszerfallsphase aufzuschwimmen und zu Blöcken zu zerfallen. Das moränale Material sinkt als Dropstein führendes Sediment zu Boden. Der Prozeß soll sich bei rasch abnehmenden Sedimentationsraten in wenigen Jahrhunderten vollzogen haben.
Nur wer dem Glazialmetier fern steht, wird von einer einzelnen Bohrung, auch wenn sie in einem Seebecken niedergebracht ist, Wunder erwarten. Gerade in der Glaziärformation kann sie nicht mehr als der viel zitierte „Nadelstich" sein. So muß die Interpretation der Befunde fast zwangsläufig recht subjektiv bleiben. Nicht zum ersten Mal in der Literatur sind auch hier zum Schluß die unterschiedenen 20 lithostratigraphischen „Einheiten", z. T. zu Gruppen vereint, kurzerhand übereinandergestellt und mehr oder minder autonomen größeren Ereignissen zugeordnet worden. Vieles wäre hier zu hinterfragen. Könnte es sich beispielsweise bei den ausgewiesenen Moränen nicht zum Teil um Driftschollen handeln, wofür es in ähnlichen Situationen im nordischen Vereisungsgebiet ungezählte Beispiele gibt? Das Seebecken wird im letzten Kapitel als ertrunkenes Flußtal interpretiert, das im Riß-Würm oder früher im Gefolge einer Meeresspiegelabsenkung tief eingeschnitten worden sein soll. Für so tiefe Einschnitte im allgemeinen und dieser Ursache im besonderen gibt es in den Mittel- und Oberläufen der zentralmitteleuropäischen Flüsse keine Hinweise. Die Glazialerosion und -sedimentation habe vermutlich eine nur modifizierte Rolle bei der Gestaltung des Beckens gespielt. Die Ursachen des reversen Talbodengefälles werden mehr in jungen tektonischen Aktivitäten gesehen. Sollte es sich bei den basalen groben Klastika, die als fluviatil gedeutet werden, nicht doch vielleicht, wie auch erörtert, um Bildungen in subglaziären Schmelzwasserkanälen handeln und die Übertiefung zu einem erheblichen Teil das Ergebnis subglaziärer hydromechanischer Erosion sein?
Das Projekt Zübo 80 kann als ein nachahmenswertes Beispiel der allseitigen Auswertung einer wichtigen Bohrung gelten. Der vorzüglich ausgestattete, verständlich geschriebene, klar gegliederte Band kann Geologen, Geographen und Limnologen ebenso empfohlen werden wie Lithologen, Geophysikern und anderen Naturwissenschaftlern, die bei der komplexen Bearbeitung eines komplexen Sachverhaltes Erfahrungen sammeln möchten.

KUNZENDORF, H. (Hrsg.)

Marine Mineral Exploration

Amsterdam—Oxford—New York—Tokyo: Elsevier 1986. 300 S., zahlr. Abb., Lit., $ 59.25

(Elsevier Oceanography Series, 41)

In den letzten zwei Jahrzehnten nahm die Untersuchung mariner mineralischer Rohstoffe einen bedeutenden Aufschwung.
Die insgesamt 13 Autoren der vorliegenden Publikation geben einen repräsentativen Überblick über die Entwicklung und den Stand zur Mitte der 80er Jahre auf diesem Gebiet.
Nach einem geschichtlichen Überblick werden die heute bekannten marinen festen mineralischen Rohstoffe (von Sanden und Steinen bis massiven Sulfiden) vorgestellt. Forschungsschiffe, marine geophysikalische und geochemische Verfahren und technische Mittel sowie die Auswirkung der gewonnenen Daten werden beschrieben.
Am Beispiel der metallhaltigen Sedimente des Roten Meeres, der massiven Sulfide des Ostpazifischen Rückens, der EMK und cobaltreichen Krusten im Pazifik und der Phosphorite von Neuseeland wird jeweils ein aktueller Überblick über Methodik, eingesetzte Erkundungstechnik und wissenschaftliches Ergebnis der Untersuchungsarbeiten gegeben. Betrachtungen zum Seerecht und eine Strategie zur Untersuchung metallhaltiger Sedimente bilden den Abschluß.
Das Buch bietet vorwiegend dem Lernenden eine leicht lesbare Einführung in die Probleme und Besonderheiten mariner Untersuchungsarbeiten. Doch auch der Spezialist wird insbesondere in der Vielzahl der angegebenen aktuellen Primärliteratur wertvolle Hinweise für seine Arbeit finden. Insgesamt leidet die Gemeinschaftspublikation etwas unter fehlender Systematik und mangelnder Abstimmung zwischen den Autoren. Dies kommt in vielen Überschneidungen und Wiederholungen in den einzelnen Kapiteln zum Ausdruck.
Der Wert des Buches liegt in der praxisnahen Darstellung moderner Methoden, Verfahren und technischer Mittel zur Untersuchung der heute bekannten festen mineralischen Rohstoffe. Die exzellente drucktechnische Ausführung rundet den guten Gesamteindruck des Buches ab.

G. EHRKE

...

Europa in Zahlen

Statistisches Amt der Europäischen Gemeinschaften, Luxemburg 1988

In „*Europa in Zahlen*" wird ein größerer Überblick über ausgewählte Wirtschaftsgebiete der EG gegeben, und es umfaßt folgende Kapitel:

— Die Europäische Gemeinschaft
— Umwelt und Bevölkerung
— Wirtschaft und Finanzen
— Produktion
— Auswärtige Beziehungen.

Ohne auf Einzelheiten einzugehen kann festgestellt werden, daß das vorliegende Heft einen zusammenfassenden Überblick über aktuelle Fragen der westeuropäischen Staaten gibt. Untersetzt sind die einzelnen Kapitel durch tabellarisches und statistisches Material, das den Spezialisten der einzelnen Fachgebiete Hinweise für ihre Arbeit gibt.
Die Aufmachung und Gestaltung des Heftes sind ansprechend und übersichtlich, so daß ein schnelles Arbeiten ermöglicht wird,

B. Kölbel

Balašov, Ju. A.

Isotopno-geochimičeskaja évolucija mantii i kory Zemli (Isotopengeochemische Entwicklung des Erdmantels und der Erdkruste)

Moskva: Izdat. Nauka 1985. 221 S., 90 Abb., 23 Tab., Rbl. 2.60

Der Autor gibt mit dieser Monographie eine synoptische Darstellung der Entwicklung von Erdkruste und Erdmantel unter besonderer Berücksichtigung von isotopengeochemischen und zum Teil auch geochemischen Daten. Er stützt sich dabei vorwiegend auf Ergebnisse aus dem englischen Sprachraum (85 russischsprachige Literaturzitate, 313 in anderen Sprachen).
Zahlreiche international diskutierte Probleme werden gut abgewogen und meist kurz behandelt (Stand 1984). Die betrifft z. B. das Alter der Erde, frühe Etappen der Erdentstehung, Struktur des oberen Mantels und Besonderheiten seiner Entwicklung, die Elementbilanz Kruste—Mantel, das plattentektonische Modell, die Geothermie, den Charakter der Asthenosphäre und die damit zusammenhängenden Bedingungen für die Magmenentwicklung. Der Autor geht auf wichtige magmatische Gesteinsassoziationen und Gesteinstypen ein wie Tholeiite des Ozeanbodens und der ozeanischen Inseln, Komatiite, Mantelgranite u. a. Auch regionale Differenzierungen von globaler Bedeutung werden dabei hervorgehoben. Gesondert behandelt wird der Magmatismus krustalen Ursprungs, insbesondere die Granitoide. Dabei wird u. a. auf die Probleme der Vererbung von Parametern der Prekursoren auf die Granitoide und die geochronologische und isotopengeochemische Korrelation von mantelbürtigem und krustalem Magmatismus eingegangen. Auch Fragen der Erzbildung werden unter dem Aspekt der Verteilung von radiogenen Isotopen diskutiert. Ein Vergleich von lunarem und terrestrischem Magmatismus beschließt dieses Werk.

T. Kaemmel

...

Geologisches Arbeiten

Leipzig: VEB Deutscher Verlag für Grundstoffindustrie
Bd. I Grundlagen — 1985. 463 S., 196 Abb., 74 Tab., 73 Lit.
Bd. II Untersuchungen — 1986. 373 S., 182 Abb., 45 Tab., 38 Lit.
Bde. I u. II: M 30.—

Dieses Lehrbuch wurde von einem Kollektiv mit 26 Autoren (unter Federführung von P.-H. Düring) verfaßt, die alle langjährige Berufspraxis in der angewandten Geologie haben.
Für das Lehrbuch wurde folgende Hauptgliederung gewählt:

Bd. I: Einführung, Allgemeine Geologie, Mineralogie, Petrographie, Historische Geologie, Regionale Geologie, Lagerstätten, Geophysik, Geochemie
Bd. II: Geologischer Untersuchungsprozeß, Bohrungen, Bergbau, Kartenwesen und Kartierung, Gewinnung von Aufschluß- und Analysendaten, Auswertung von Aufschluß- und Analysendaten, Untersuchungen auf Erdöl und Erdgas, Untersuchungen auf feste Minerale, Hydrogeologische Untersuchungen, Ingenieurgeologische Untersuchungen, Bodengeologische Untersuchungen, Untergrundspeicherung, Erdwärmenutzung, Untersuchungen zum Umweltschutz, Rechtsvorschriften;

Das Lehrbuch umfaßt das gesamte Spektrum theoretischer Grundlagen der geologischen Wissenschaften sowie deren praktische Anwendung zur Lösung volkswirtschaftlicher Aufgaben. Diesbezüglich ist im deutschsprachigen Raum bisher keine vergleichbar breit angelegte Publikation bekannt. In methodischer Hinsicht, bis zur EDV-Anwendung bei der Gewinnung und Auswertung geologischer Aufschluß- und Analysendaten, werden neue und für die Perspektive richtunggebende Standards beachtet.
Es ist als berufsbildende Literatur verbindlich für die Ausbildung von Geologiefacharbeitern in der DDR. Auf Grund seiner relativ umfassenden und aktuellen Informationsmöglichkeiten sowie seiner didaktisch fundierten Konzeption ist es auch zur Qualifizierung von Geologie-Technikern sowie von Fach- und Hochschulkadern anderer Natur- und technischer Wissenschaften (Bauwesen, Bergbau, Bohrtechnik, Land- und Forstwirtschaft, Wasserwesen) zu empfehlen, die fachspezifische geologische Kenntnisse benötigen.

Vertrieb: Zentralstelle für das sozialistische Bildungswesen des Ministeriums für Geologie, Johanngeorgenstadt-Neuoberhaus

C. Adam

Adams, E. A.; Mackenzie, W. S.; Guilford, C.

Atlas der Sedimentgesteine in Dünnschliffen

Stuttgart: Ferdinand Enke Verlag 1986. 103 S., 217 Farbphotos, DM 68.—

Der Atlas führt mit anschaulichen Farbphotos und kurzen Beschreibungen in die mikroskopische Analyse der Sedimentgefüge ein. Teil 1 behandelt die terrigenen klastischen Gesteine der für diese Untersuchungsart vorwiegend geeigneten mittleren Korngrößenbereiche. Zur Beschreibung werden die KG-Klassifikation nach Udden & Wentworth, die Kornrundungsgrade nach Pettijohn u. a., der Sortierungsgrad nach Pettijohn u. a. sowie der Reifegrad der Sedimente benutzt. Teil 2 zeigt Dünnschliffbilder von Karbonatgesteinen mit detaillierter Darstellung der allochemischen Komponenten (Ooide, Bioklasten, Peloide, Intraklasten und Onkoide) und Hinweise auf ihre Genese sowie verschiedene Karbonatzemente mit möglichen Rückschlüssen auf das Zementationsmilieu. Weiterhin sind Beispiele der Kompaktion, der Drucklösung und Deformation sowie der Umkristallisation gegeben. Etwas breiterer Raum ist der Porosität mit Beispielen verschiedener Porenformen gewidmet. Abschließend wird auf die Dolomitisierung und Dedolomitisierung hingewiesen. Klassifiziert werden die Kalksteine nach Dunham (1966) und Folk (1959 und 1962). In einem 3. Abschnitt werden Dünnschliffbilder von Eisenerzen, Evaporiten, Chert, Phosphoriten und kohligen Gesteinen gezeigt und Hinweise auf ihre spezielle Bildungsweise sowie ihre spezifischen Merkmale gegeben.
Ein Anhang enthält kurze Hinweise auf die Herstellung und Anfärbung von Dünnschliffen sowie die Herstellung eines gefärbten Karbonat-Azetatfolienabzuges.
Mit der gegebenen Auswahl von Dünnschliffbildern ist der vorliegende Atlas ein gutes Hilfsmittel, um Anfängern und nicht routinierten Sedimentpetrologen die mikroskopische Untersuchung von Sedimentgesteinen zu erleichtern.

I. Kunz

Daviau, F.

Interpretation des essais de puits — les methodes nouvelles

Paris: Editions Technip 1986. 174 S., 28 Abb., 7 Tab., 43 Lit., FF 150.—

Seit den siebziger Jahren ist eine Vielzahl von Untersuchungen zum Test von Bohrungen durchgeführt worden, die zu detaillierten Kenntnissen, besonders über das Strömungsverhalten in inhomogenen Speichern, führten. In der vorliegenden Monographie wird versucht, diese neuen Erkenntnisse für die praktische Anwendung auf dem Gebiet der Parameterbestimmung aus instationären Bohrlochtesten darzustellen. Dieses Anliegen gelingt dem Autor in hervorragender Weise für die getroffene Auswahl der Methoden, welche klüftig-poröse Lagerstätten, hydraulisch gefracte Speicher und den Einfluß der Nachproduktion beinhaltet.
Basierend auf einer eingehenden und durchsichtigen Darstellung der Theorie werden die Anwendung und der Geltungsbereich der Parameterbestimmungsmethoden bis hin zur Interpretation von praktischen Beispielen behandelt. In dieser Weise wird eine sehr gute Verbindung von Theorie und Praxis erreicht. Das Buch besticht außerdem durch eine übersichtliche Darstellung des Stoffes, eine außerordentlich großzügige Gesamtgestaltung und durch die instruktive Form der Gebrauchsgraphiken (Typkurven).
Obwohl einige neue Methoden, zum Beispiel für geschichtete und partiell aufgeschlossene Speicher sowie für geneigte Bohrungen nicht enthalten sind, und das amerikanische Ölfeldmaßsystem bei der Demonstration der praktischen Beispiele gewählt wurde, stellt diese Monographie eine Bereicherung der Fachliteratur dar, die gleichermaßen gut für die praktisch und methodisch arbeitenden Fachleute genutzt werden kann.

H. D. Voigt